垂直農場
——城市發展新趨勢

Dr. Dickson Despommier

迪克森‧戴波米耶 博士

林慧珍————譯

The
Vertical
Farm:

Feeding the World
in the
21st
Century

獻給十億多人口，

他們沒做錯事，卻每晚飢餓入睡；

獻給未來四十年將來到地球的三十多億人口，

他們即將加入受苦的行列，如果一切都沒改變！

CONTENTS | 目錄

活的城市

國立東華大學華文系副教授　吳明益

　　一天我收到花蓮「大王菜舖子」的訊息,信件裡徵求協助耕種的人力,而農場擁有者則以農耕技術的傳授作為交換。我常想,農耕不但是人類開始得以擴張族群數量的革命性發展,也是一種人與土地的溝通,喪失了這種溝通的管道,恐怕是城市居民躁鬱的重要原因。

　　十年前我讀到加拿大學者Mathis Wackernagel和William E. Rees所寫的《生態足跡》(*Our Ecological Footprint: Reduce Human Impact on the Earth*)時,情不自禁地看了四周一眼,養活我這樣一個人,究竟需要多大的土地呢?

　　所謂生態足跡分析是一種計算工具,它是以相對應的生產力土地來估算某特定人口或經濟體的資源消費與廢棄物吸收。簡單地說,一個人的物質耗用和足跡大小成正

比，它意味著得要有多大的空間才能養活我們這回事。書中提到，如果每個人都跟加拿大或北美人一樣生活，那我們得有三個地球才夠應付這個大腳印。

城市人的生態足跡比農村人來得大，這一方面是因為居住城市往往得耗用較大的資源，另方面是城市並不事糧食生產。美國文學研究者費特列（Peter A. Fritzell）曾以地域來劃分自然書寫（nature writing）的書寫內容，他認為「荒野」（wilderness）─「田園」（farm）─「都市」（urban）分別是人類文明涉入自然由淺至深的三種地域，田園是界於高度人工化與荒野之間的複合環境，都市裡僅有小片綠地、尚未被徵收的狹小農地，和可憐的陽台菜園而已。

但有沒有可能都市在未來的某一天也包含田園？

《垂直農場》就是思索這樣把整個城市變成「從搖籃到搖籃」概念的一本書。書中先以分析各地原始農耕為思維基礎，談到現代農業的轉型。現代農業最「鮮明」的特徵，莫過於化學肥料與農藥的使用。這些化學物質傷害了土壤，讓土壤的生育能力看似在綠色革命下短暫提升，實質逐年降低。而城市由於供應了大量的人口生活所需，因此排放出的垃圾、黑水（由糞便、尿液、洗澡水、暴雨逕流等組成的髒水）遠超過土地的容受度，荒野的生存空間因此被傾圮的田園和囂張的城市奪占，糧食問題據信是未

來貿易或實質戰爭極有可能的觸發點。

　　而垂直農場是一個艱難，卻值得一試的構想。垂直農場意味著採光良好，充分利用陽光，在非開放性的空間裡採取水耕（hydroponic）與氣霧耕（aeroponic）的城市建築。過去城市的糧食仰賴田園，因此光是運輸能量就耗用了不少石化資源，垂直農場可以降低糧食運送距離。而城市所產生的黑水、餐館的廚餘，在經過處理以後，又可能變成垂直農場的肥料來源，同時減低了垃圾量。這麼一來，城市便「包裹」了田園，成為具生產力的新生地。

　　事實上就我所知，歐美與日本許多城市都已經開始鼓勵都市建物頂樓、室內或陽台開闢成小型農場，只是垂直農場是一個更龐大、更具企圖心的地景改造。也因此，我以為垂直農場面臨最核心的考驗恐怕不是栽植技術的問題，而是該由誰來建構農場？也就是說，垂直農場不僅是一個農耕技術革新與城市規劃的新概念，恐怕也是一次土地與政治權力的革新。而後者才是最困難的部分，也是我認為全書過於樂觀的部分。

　　但無論如何，身為地球上最具思維能力的動物，人類至少已經開始從傷害他者的麻木裡警醒，並且進入另一個階段的「沉思」。

　　這本充滿企圖心的未來城市農耕規劃書，最令我感動的一段話莫過於：「如果人類在這個星球上的壽命走到了

終點，那麼人類在整個演進歷史中創造了多少個億萬富翁、創作多少精美的藝術品，都不會成為評價我們的項目。相反地，評判的標準應該是人類有沒有妥善照顧自己，以及人類所深切依賴的其他生命。……學習如何以不侵犯其他物種權益（如闊葉林）的方式來供應自己所需，包括生產糧食，將考驗我們能否參透這個問題並加以解決。我相信我們做得到。」

　　是的，「學習如何以不侵犯其他物種權益（如闊葉林）的方式來供應自己所需」，才是「垂直農場」最迷人的部分。唯有朝向這個方向思考，我們才可能擁有一個真正活著、有靈魂的城市。

迎向都市農業的挑戰

馬荷拉・卡特

　　美國與「農場」的愛恨情仇已糾結好幾十年，現在，我們與農業的關係，無論是從技術面或是文化面來看，在21世紀似乎有機會變得更加成熟。

　　農場可以浪漫得如同美國著名插畫家洛克維爾所描繪的唯美單純生活，或多或少，比大多數人現在所居住的都市或郊區生活更為真實。我們喜歡在奶製品、雞蛋、穀類、漿果、蘑菇、培根等食物的包裝紙盒上，看到用漫畫手法繪製的紅色穀倉伴隨青貯塔及圍欄的標誌。我們喜歡把「農夫」想像成具備優良美國傳統價值觀及豐富常識的人，養了一群活潑健康的孩子，每個星期天都乖乖上教堂。某個像這樣的人，在某個地方為我們生產糧食，這般畫面，會比實際看到大多數食物的來源，更讓我們感覺好一點。

但農場已經成為一個笑柄,對新移民或已在美國世居多代的美國人來說,「鄉村」也許意味著純樸,但我們所信任能生產夠安全、乾淨的食物供我們食用的人,多半並沒有得到什麼尊重。數十年來,聰明的孩子都被送往城市,資質較差的則留在農場。人們從農場移居到城市是很正常的現象,卻沒有在城裡長大的人後來變成農民。

有些美國人還把農場工作與奴隸聯想在一起,非裔美國人大量從南方遷移到北方的工業城市,就是為了擺脫農場以及一切相關的聯想。他們在工廠裡找到更高薪的工作,20世紀的製造業提供就業機會讓黑人得以認識到中產階層的穩定與抱負。土地被人們所遺忘,我們的許多親戚及祖先都認為最好能遠離過去,愈遠愈好。

過去十年來,我的工作重心大部分在於園藝設施中有關雨水逕流及城市熱島效應的處理,一些像是綠化屋頂、都市林業以及濕地與河口的復育等工作,都是為解決這些環境難題的重要工作,同時也提供許多就業機會給不容易找到工作的人。但很多時候,當我把這些訊息提供給失業問題嚴重且因環境管理不善而有健康問題的市中心社區時,經常遭到抗拒。有關於土地的工作似乎是一種倒退及落伍,而不是進步。

製造業的就業機會大部分已經外移到海外,為了符合經濟效益,我們的農業系統也早已放棄了「家庭農場」的田園概念,我們正好有個很棒的機會來修改這許多過時的

假設，重新檢視傳統農業的優點與缺點。我們可以檢視我們的需要，以及探索能夠滿足這些需要且用更尊重、更有尊嚴的方式對待土地與人民的技術。

平心而論，目前的糧食生產及物流系統已能讓一般民眾在負擔得起的「價格」下得到食物的熱量，但環境與消費者所付出的代價卻是驚人的。農業使用的除草劑與殺蟲劑被沖入河流及海洋中形成死區，造成該區域的漁業沒落。這意味著，在海鮮產業辛勤工作的人可能因為上游農業企業的決定而失去工作，而我們這些納稅人正是在背後支持這些決定的人。

化學肥料使土壤必須使用更多的肥料才能種植，所有這些化學物質最後都可能進入飲用水中。在靠近物資轉運中心的地方，食物送進城裡，然後分送到雜貨店、餐館等，厚重的柴油廢氣布滿在空氣之中，也被吸進居民的肺部。住在這附近的兒童因為川流不息的大貨車而處於危險之中，這讓他們活動受到限制，因而加劇了肥胖問題。付出代價、犧牲了生活品質的，往往是貧窮人家，但他們卻得不到公平的賠償。

從現在開始，到我們實現本書作者迪克森‧戴波米耶博士對於人類食物系統的願景為止，我們還有很多創新與創業的契機。如果摩天農場就像一架747客機，我們現在就是萊特兄弟的角色。在美國以及世界其他國家及地區，各種都會型的微型農業正紛紛興起。在成功找到利潤、永

續及糧食品質間的正確組合之前，眾多工匠與工程師齊心努力的過程中一定會有很多的失敗，其中還將有令人興奮的生涯階梯，這項工作將會日趨完善，因為會有愈來愈多有才華的人加入。新的分配與運輸系統，以及進行中的創新作法，將創造門檻較低的競爭場域，因為生產者與消費者之間的距離縮短了。

這些工作將為一些原有工作機會已經外移的美國人帶來希望。能夠自己生產食物的都市將可藉由大幅減少以石化燃料為主的運輸、冷藏以及施加化肥的財務負擔，而留下更多的錢，用來促進在地經濟，也能有更多的錢用於在地的工作。

第一座垂直農場可能會坐落在土地最便宜的地方，這通常意味著貧窮的社區。都市農業還需要好幾年的時間，它的產能才能夠滿足我們的糧食需求，也就是說，要在多年之後才能夠穩定成長。這意味著我們能有許多活生生的正面案例，證明它能帶動地方經濟繁榮，以鼓舞並僱用好幾世代的人。這種成效良好的商業活動，將讓人們開心地擺脫一般低收入社區常見的經濟發展型態——低工資、廢物處理設施、體育場館以及監獄。就是現在，讓我們停止建造這些用來悼念集體創新失敗的墓碑，並且擁抱我們的美國同胞，讓我們建立希望與繁榮的紀念碑。垂直農場代表一種能讓我們迎接這個挑戰的優雅機會。

馬荷拉‧卡特（Majora Carter）在2001年創立了「永續南布朗克斯」（Sustainable South Bronx），透過因應社區需求的經濟永續計畫來實現環境正義。她的研究工作獲獎無數，包括麥克阿瑟「天才」獎學金，還被提名為《本質雜誌》25位最具影響力的非裔美國人之一。她是荒野協會的董事之一，並在公共廣播公司電台主持一個特殊的廣播節目「應許之地」（thepromisedland.org）。她目前是馬荷拉‧卡特集團的總裁，從事環保計畫的開發及諮詢。

建構永續自給的城市

　　一萬五千年前，地球上還不見任何農場的蹤影。多年後的今天，人類耕作的農場面積已相當於一個南美洲，這還不包括放牧的土地。這段時間以來，人類發明了文字、數學、音樂與許多東西，當然，還有城市。然而，人類在從狩獵採集者搖身變成城市居民的過程中，從來沒有建造出任何一個真正能讓人類健康居住的大都市。

　　隨著人口增加，城市生活成為常態，人們開始必須為多年來製造的堆積如山的垃圾付出代價。垃圾為居家環境周圍的各種病原提供了養分，助長了疾病的興起與流行。例如，12世紀時，一路從中東返回歐洲的十字軍隨意將各種垃圾丟棄在歐洲各地，吸引了成群的老鼠。這些老鼠身上帶著透過跳蚤傳染的鼠疫桿菌，當老鼠死了之後，身上的跳蚤很快就找上人類作為宿主，引爆了歐洲第一次的

黑死病疫情，奪走當時三分之一以上居民的生命。霍亂是在1836年透過來自孟加拉灣的貿易船傳播到歐洲，一開始先攻占英國倫敦，由於泰晤士河裡傾倒的垃圾富含營養成分，於是霍亂開始流行，每年都造成上萬名倫敦市民死亡，直到約翰・司諾（John Snow）醫生找到霍亂的致病機制為止。

你可能認為，我們已經從這些經驗裡學到了不少，但到了19世紀時，紐約市還因為街道上的垃圾而引發大規模腹瀉疫情。直到現在，多數城市仍然沒有找到能好好利用垃圾的方法。紐約市居民仍然因為害蟲以及衛生條件不佳所造成的疾病而備受困擾，哮喘就是其中之一。大多數城市的垃圾掩埋場目前都已不敷使用，城市社區因此不得不重新找尋新的垃圾處理方式。然而，人類還有希望，一切即將改變。現在，我們已經具備了工具，也希望能將病入膏肓的都市轉變成能夠安心養育孩子的好所在。一旦完成都市中心的改造之後，我們就可以把注意力轉向，重建那些為了開墾農地、生產城市所需糧食而遭受砍伐的闊葉森林。

永續的都市生活，在技術上是相當可行的，最重要的是，它是人們所嚮往的理想。舉例而言，利用最先進、最乾淨的焚化技術，能輕易將廚餘轉換為能源；而污水也可以轉變成乾淨的飲用水。有史以來第一次，人類能夠選擇讓城市變成一個與自然生態系統具備同等功能的環境，如

果我們需要，甚至也可以焚燒人類糞便來產生能源，我們有能力創造一個「從搖籃到搖籃」的無垃圾經濟體。唯一欠缺的，是願意這麼做的政治意願，一旦我們跨出了第一步，城市將能夠自給自足，不會進一步破壞環境。

垂直農場

復育環境，同時仍舊擁有足夠及優質健康的食物選擇，這兩個目標看起來似乎相互排斥。如果世界人口繼續增加，難道不需要砍伐更多的森林作為農地，來生產足以養活所有人的糧食嗎？其實未必。解決辦法之一，就在於垂直農場。這類農場將不需要土壤，可以在專門建造的建築物中生產糧食。當農場成功地轉移到城市之後，我們只要讓農地休息，不再干擾它，便能夠讓大量的農地變回原來的生態系統。

這個計畫聽起來或許幼稚而不切實際，但垂直農耕的概念再簡單不過。只是，要讓它成真，可能會需要一些具備特定專業技術的專家，舉例來說，火箭科學家或做腦部手術的醫生，而且是非常精於火箭科學及腦部手術的人。我們不能逃避垂直農耕會面臨的各種挑戰，只因為它需要頂尖的工程、建築以及農學基礎。所有這些，都是我們可以掌握的，人類已經具備在多層樓建築中種植農作物所需

的水耕及氣霧耕技術。雖然目前仍然沒有實際運作的垂直農場，許多都市規劃者對這個概念都已耳熟能詳，且正在想辦法達成。在一些耕地不足的富裕國家，開發商已經開始規劃垂直農場的藍圖，而在一些食物來源愈來愈短缺、人民即將面臨飢餓問題的國家，垂直農場將能夠解決這個看似棘手的問題。

在高樓大廈裡種植農作物的想法聽起來可能很奇怪，但在室內種植作物卻非新概念。過去十五年來，有愈來愈多具商業價值的作物，如草莓、番茄、辣椒、小黃瓜、香草及各種香料等，都已經在商業生產的溫室中種植，供應到世界各地的超市。這些溫室的經營規模比美國中西部的大型商業農場來得小，但跟戶外農場不同的是，溫室設施能夠常年生產農作物。人們已經能在室內養殖魚類以及各種甲殼類動物及軟體動物，可以想像，雞、鴨、鵝等，也可以養在室內養殖場裡。

垂直農場不受天氣及其他會中斷農作物生產的自然因素所影響，作物被種植在嚴格篩選及周延監督的條件之下，確保每一種作物或動物在一整年裡都有最佳的生長速率。換句話說，室內並沒有所謂的季節之分，每一層垂直農場的生產效率，平均一英畝樓地板的產量可能是傳統土耕的十到二十倍，因作物而異。垂直農場也具備許多環保方面的優點，在室內耕種就不必像現在，要用石化燃料來犁田、施肥、播種、除草及收割。

沒有垃圾的城市

當你在最喜歡的餐館吃飯時，在你餐盤中的食材可能來自一千五百英里以外的地方。如果你所居住的城市裡有一座垂直農場，這些食材可能全部來自幾個街廓外的地方，能省下用來冷藏以及將農產品從世界各地運輸而來的大量石化燃料。此外，不妨想想你吃剩的廚餘將造成什麼影響，這些剩菜加上食品製備過程所產生的廚餘，目前都是無法回收的負擔，因此也被稱為害蟲晚餐（dinner for vermin）。現在，想像一下，如果這些有機廢物可轉換成能源，餐館還可以因為這些餿水所回收的能源而賺錢，這種薄利的（2−5%）小本生意不需要提高菜單上的價格，也能有額外的收入。

水：乾淨而清澈

都市生活中威脅健康的一大因素來自城市的生活污廢水（俗稱黑水，black water，其中有一部分是尿及糞便）。為了避免可能引發疾病，污廢水必須先經過曝氣處理，經由這個過程將固體逐漸分解成較小的顆粒，降低生物質量，並將大部分的固體轉化成消耗氧氣的細菌。接下

來，這些混合物會在沒有氧氣的條件下進行消化，釋放出大量的甲烷，一些具備收集設備的設施便能收集這些甲烷作為替代能源。處理過程所產生的污泥被送到垃圾掩埋場處理，而剩下的灰水（grey water）則經過加氯處理排入附近的水體中。在較落後的國家，灰水通常未經處理就被排放到環境中，大幅增加了因糞便污染而傳播沙門氏菌、霍亂、阿米巴痢疾及其他傳染性疾病的風險。無論是哪種情況，都是對新鮮淡水的一種可恥的浪費。

在美國的許多城市中，來自污水處理廠的污泥會經過進一步處理，變成高級的表土，販售給農村社區。例如，在紐約市及波士頓，就有將污泥變成肥料的經營計畫。問題是，大部分的城市污泥往往受到銅、汞、鋅、砷、鉻等金屬嚴重污染，如此便限制了它們在農業上的用途。

有些垂直農場可以充作獨立運作的水質再生設施，或許可以設計一種冷鹵水管路系統，幫助凝結及收集由植物所釋出的水分。在垂直農場中，藉由植物的蒸散作用能將安全可用的灰水轉化成飲用水，整座農場將會是一個封閉的循環系統，讓我們得以回收這種不曾被好好珍惜利用的水資源。

由此產生純淨的水將被用在其他養魚、種植藻類及經濟作物的垂直農場，最終的理想，是所有由垂直農場產生的水都是可以飲用的，並回歸到原本產生這些廢水的社區。紐約市平均每天把大約10億加侖淨化過的灰水排入

哈德遜河河口，如果工業級用水的水費是一加侖五美分（保守估計），那麼就算興建及管理回收系統的成本高達300億美元，回收廢水仍然非常值得一試。這絕不是一個不切實際的遙遠夢想，美國加州橘郡有一個人口大約50萬的地區，就是利用最先進的淨化系統將灰水轉化回自來水。這套系統的安裝，花了納稅人5億美元，但這每一分錢卻都花得十分值得。

污染的終點

　　都市農業最急迫的狀況在於人們未能處理垃圾問題，尤其是農業逕流（帶有殺蟲劑、除草劑、化學肥料及淤泥的剩餘灌溉水）。農業其實是破壞生態系統的最大元凶，遠勝於其他種污染。更糟糕的是，現在的農民卻束手無策：逕流的時間與程度，是由洪水決定的。

　　地球上所有可利用的淡水約有70%用於灌溉，剩餘未被使用的部分，則流回大大小小的河川與溪流之中。流入海洋中的逕流會切斷其他的生態系統，氮肥（硝酸銨）具有從水中吸收氧氣的化學性質，農業逕流將珊瑚礁豐富而充滿活力的海底生命變成了貧瘠的遺跡。為了開闢農地而砍伐森林，更增加了農業逕流中的氮肥，且進一步降低地球從大氣中吸收碳的能力，讓這種毒性循環更為嚴重。

在有垂直農場的城市裡，垃圾將轉變成回收的能源，自然界將沒有垃圾。在新的生態城市裡，丟棄任何東西，卻沒有找到它的另一個用途，將會是相當不可思議的事情。想像一下，從轎車油箱裡抽走一加侖的汽油，然後把它倒進下水道，這是多麼荒謬的事情呀。然而，我們現在每丟掉一件東西，其實跟把汽油直接倒進下水道一樣非常浪費。

未來城市指日可待

今日的城市連自力更生的最低標準都達不到，沒有任何城市可以自給自足，城市所消費的每一樣東西都在城市外生產，因此，垃圾的堆積量也以驚人的速度成長。一個中型城市每年約產生數十億噸的固體物質、數十億加侖的廢水，再加上每年用在試圖擺脫這些有害物質的數十億美元花費，由此可想見我們目前所處的環境危機。

但我們可以不要這樣，推陳出新的技術不斷證明了人類的創造力，令人耳目一新。電腦運算愈來愈快、愈來愈複雜，人類正計畫在月球及火星建立殖民地，我們甚至還能收集到從彗星尾部排放出的塵土。儘管人類具備了驚人實力，但是，地球上大部分居民仍然無視於他們對地球所造成的這種深刻、大多數是負面的影響。我們繼續走向都

市化，卻無法建構出足以處理人口需求的城市，大多數演化生物學家同意，如果我們一直無法自給自足，人類將走向滅亡，成為一堆化石。

　　科學已經在前面帶路，幫助我們了解我們對地球造成的傷害，衛星影像提供了許多氣候變遷肇因的現況，例如，針對燃煤發電廠進行地面及衛星觀測結果，毫不意外地證明了人類是造成氣候變遷的根源。既然我們已經找出了問題所在，便能夠投注心力尋找一套解決辦法，在城市的範圍裡進行大規模糧食作物生產將是個正確的方向。好消息是，很多人已經透過科學研究及公益支持來嘗試修復我們的自然環境。這正證明了只要有機會，人類便能夠表現出無私與利他的行為。

　　現在正是需要我們用心關懷僅存的自然世界的時候，我們的自然資本只剩這麼多，而我們已經處於耗盡資源的邊緣。建構永續自給的城市將能夠使土地自然恢復原貌，回復人類生存與自然環境之間的平衡。

重新建構自然

萬物終將消逝，唯有演變永存。
——希臘哲學家赫拉克利特

農場

　　十到十二萬年前，世界各地的人類開始有系統地改變環境，刻意將自然環境變成農耕地，以滿足基本生理需求。建立可靠的食物及飲水來源是他們的當務之急，突然間，似乎所有人類都不約而同地厭倦了狩獵與採集生活，我們學會了如何種植從野生植物品種馴化而來的農作物（玉米、小麥、大麥、稻米），並選擇性地繁殖許多不同種類的四隻腳動物，馴養成家畜，用來作為食物、運輸之用，當然也利用牠們的勞力。人類大肆開發生物圈，迅速轉變成技術圈，讓自己身陷其中不可自拔，過程中，整個自然系統遭到人類沉重的發展腳步所踐踏。這是我們歷史「進步」的一面，目前卻面臨了問題，今日的環境危機，其實是源自於人類演化到最近的這一小段歷程。

　　為了理解人類自都市化以來對於自然世界所累積的負面影響有多大，我們必須先了解，如果沒有人類，這個世界的本色將是如何（想一窺它昔日的輝煌，請看英國國家廣播公司所製作的《地球行星》〔*Planet Earth*〕；想看看如果人類突然消失，世界可能會變成什麼樣子，可閱讀艾倫・魏斯曼的大作：《沒有我們的世界》〔*The World Without Us*〕）。唯有藉著探究由植物與動物共同構成的大自然究竟是如何組織、形成相互依存的生態系統網絡，我

們才能深入理解該怎樣重新設計一個城市，才能模仿這個
過程。我的論點是，如果建成環境能夠反映出等同於生態
系統的完整功能，我們的生活將會更加適意，經濟也將更
為穩定。

大自然宣言

當陸地植物與動物能夠在一種和諧共生的關係下互相
依存時，生物圈趨於成熟，地球歷經了數十億年的演化歷
史才達到這境界。為了解釋這整個過程如何發生，琳·馬
古利斯（Lynn Margulis）與詹姆斯·拉夫洛克（James
Lovelock）最先提出了一個名為「蓋亞假說」（Gaia
hypothesis）的理論，認為原始的生命一旦出現在地球
上，便開始改變環境以切合自身的需要。目前，大多數地
球化學家及生態學家都認同，這個理論最能合理解釋養分
的再生，以及地球環境溫度的維持機制。共生現在已成為
定義整個自然運作過程的基準，幾乎每個活著的生命都必
須依賴（直接或間接）其他的生物，或許除了一些生長在
堅硬岩石中，靠著當中微不足道的營養物質生存的極端微
生物以外。所有的綠色植物都只能利用陽光的能量，加上
水以及得自於固體基質（主要是土壤）的一些（至少16
種）必需礦物質，才能夠生長與繁殖。植物將氧氣（它們

的氣體廢物）排放到大氣中，並將醣類與蛋白質儲存在組織裡。

　　草食動物（包括人類）利用這種豐富的資源，吸進氧氣並攝食植物以滿足營養需求，然後定期將固體及液體廢物排泄到環境中（而後成為植物的營養素），並將二氧化碳（我們的氣態廢物）排放到大氣之中，讓光合作用植物得以維續生命。這些植物與動物終將死亡，此時，各種生活在土壤中、被稱為食腐質者（detritivore）的微生物群落，透過腐爛的過程將動植物遺體所含的元素回歸大地，作為下一代植物的天然肥料；這是自然界的一種「塵歸塵、土歸土」的養分再生策略。這種模式已經存在四億年左右，毫無疑問地，未來也將繼續好一段時間，無論人類是否存在。事實上，即使面臨劇烈的環境變化，我們的生態系統還是存在了這麼長的時間，在在顯示它是一個具有驚人的回復能力、具有許多備用機制的系統，幾乎牢不可破。這明白告訴我們，只要我們知道何時該罷手，把自己分內的事情做好，支離破碎的生態系統將能自我修復。

凝聚力量

　　當有一群對於溫度及濕度的容忍能力相近的植物群聚生長在某個特定的地理區域時，各式各樣的動物也會被吸

引前來居住，最後終將建立相互依存的關係。在這個區域裡，所有的生命形式，包括微生物，都會加入並分享太陽所供應的能量流，這是功能性生態系統（functional ecosystem）的基本定義。生態系統又稱為「生物相」（biomes），大部分的情況是指陸地上的動植物；而為了方便說明，我也將採用這個定義。

所有生物相都有個共同特徵：初級生產量（在一個特定的地理區域，所有植物一整年的總生產質量）都受限於所接收及處理的總能量。事實上，可用能量的總量多寡，其實是由各個生態系統的特性所決定。例如，熱帶雨林擁有充足的陽光，一整年都是生長季節，所有棲息的動植物都能欣欣向榮；相反地，高山森林則受限於生長季節短且不夠溫暖。所有生態系統都無法超越生物質量的限制，而生物質量則受到總能量供應及期間的嚴格控制。能量的利用效率達到極致，當年的產量就高；而之所以會有荒年，主要是受天氣型態波動影響，導致生物生產力降低。大自然能隨著熱能供給的變化而調整，但城市並不遵循這個簡單的自然規則，這就是問題所在。

差異萬歲

生態系統因地而異，每個生態系統的植物與動物種

類，乃至地景的物理組成都不一樣。每個生態系統最重要的特徵，是它每年的溫度狀況與降水型態，而這些都會因為緯度與海拔高度而有極大差異，因此，才會有這種種變化多端、生氣勃勃、強健有力的生命組合，在地球上繁衍幾十萬年。一直到地質時代的晚近，人類才開始影響到它的功能，過去的一萬年以來，人類的足跡蔓延了整個地球，侵入所有陸地生態系統，農場、牧場與人類聚落使大部分的生態系統變得支離破碎。

在全球各地，人類至少發明了六種不同的農業，糧食的生產讓我們擺脫流浪的生活，造就了我們所謂文明的崛起。不幸的是，這一路走來，我們卻忘了去關注這個促進人類演化且現在仍在運作中的過程。許多生態學家，包括我自己在內都認為，假如我們不能與自然世界和平相處，總有一天，我們一定會失去在自然世界中的立足之地。

內在的敵人

從生態的觀點來架構這個問題，鮮明對比我們周遭的自然世界，會發現都市中心（威廉・麥唐諾〔William McDonough〕及麥克・布朗嘉〔Michael Braungart〕在《從搖籃到搖籃》〔*Cradle to Cradle*〕所描述的「技術圈」）並沒有一個能約束成長的明確臨界值，尤其在最貧窮的國

家更是如此。因為極端富裕而造成無節制的成長是非常罕見的情況，但它還是發生了，阿布達比、杜拜及美國都經常過量消耗各種資源，包括食物、水與能源，這種浪費行為的後果，造成了我們今天所面臨的問題。用生態學的說法來界定這個問題，我們或許能夠藉此徹底檢討我們的日常生活方式。今天，將近50%的人選擇住在城市及周邊的郊區，這些擁擠的城市中心需要仰賴從外地輸入的大量糧食、礦石，以及其他重要的資源。如果我們繼續依賴某個人造環境所收成的資源，完全靠著使用更多化學肥料、除草劑與殺蟲劑來進行所有的生產，這些造作而成的生態狀態將很快失敗，人類將因此陷入困境。事實上，許多農耕地區已經失去生產力，其他的農地也將很快步上後塵。

因此，真正的問題是，我們的城市是否能夠仿照完整生態系統的運作方式，來進行重要資源的分配與利用，同時為居民提供一個健康、富饒及永續發展的環境？從本書後續的說明中，讀者將會發現，我認為答案是肯定的。事實上，如果人類不只想圖生存，還想追求榮景，那麼我們別無選擇。我們已經具備所有需要的工具，唯一要做的，就是以創造性的方式應用它們，以解決這一個問題。這個生態的生存策略所稟持的信念，是世界人口突破七十億大關的過程中人類所破壞的許多東西都將能復原。

兩全其美

復原環境同時仍然擁有足夠的食物，看起來好像是彼此排斥的目標，如果世界人口繼續增加，我們便需要把更多的土地轉為農業用途，不得不砍伐更多的森林，如此一來怎能指望環境可以自行復原呢？理論上，解決的辦法很簡單：我們可以在都市範圍裡建造專用的建築，利用不需使用土壤的技術來種植大部分的糧食作物。這能讓一塊面積相等於這個都市農場的耕地轉變回原來的生態系統（通常是闊葉林），森林再生之後，將能從大氣中吸收大量的碳，並啟動復原的過程。生物多樣性將會增加，生態系統的服務，例如洪氾的控制以及空氣的淨化等，將能更為強化。都市農場的數量愈多，就會有愈大量的碳轉化成以樹木纖維素的形式存在。道理就是這麼簡單。

技術當家

第一次聽到這計畫的人多半可能覺得這似乎太簡單了，簡單到不可能實現，整個計畫聽起來簡直幼稚且不切實際。然而，在過去十年之中，我和106名聰明而熱情的研究生只要想得愈透徹，就愈覺得這個點子很合理。我們

稱它為「垂直農場」，這是一個很容易想像的概念：將「高科技」的溫室向上疊起來，並將這些「超級」室內農場建在都市的地景上，接近我們居住與生活的地方。不過，我也很早就認知到，要實現它，並不是容易達成的目標，且問題不單只有工程及設計方面。

　　儘管目前還沒有任何垂直農場的案例，但我們知道該如何進行，我們可以在一個多層建築裡，應用水耕與氣霧耕的技術，來創造世界上的第一個垂直農場。全球各地已經有一些地區正在積極嘗試這個計畫，尤其是那些耕地短缺且有資源、能夠考慮以某些更有效率的新技術取代傳統農耕模式的國家，例如荷蘭、比利時、德國、冰島、紐西蘭、澳洲、中國、杜拜、阿布達比以及日本等。另有一些較不富裕的國家，如尼日、查德、馬利、衣索比亞、蘇丹達爾福爾及北韓等，也迫切需要垂直農場，以拯救大量處於極度饑荒的人口。

　　在都市中心進行大規模的垂直農耕，不但使永續都市生活有可能實現，也是為人所嚮往、在技術上也可以達成的。利用過去十年來人類在資源永續利用的技術進展，藉由採用能將廢物轉換成能源的高科技策略、高科技的糧食生產方式及水資源回收系統，我們可以改變，讓都市具備與自然生態系統同樣的功能。透過這種方式，都市所產生的廢物都能變回可用的資源，不會進一步破壞環境。

理想的特性

　　理想的垂直農場應該具備造價便宜、模組化設計、耐用、易於維護且操作安全等特性，且一旦開始運作之後，也應該能夠經濟自主，不需要依賴補貼及外部支援，也就是說，應該能夠為農場主人創造收入。如果透過一個持續、全面性的研究計畫，能建立一個高效能、高產量的垂直農場，證明以上這些條件都能實現，那麼都市農業將能夠提供持續、豐富而多樣化的糧食，供應二十年後60%的都市人口所需。

　　諷刺的是，驅動人們移居都市的原因，是農民面臨的「困境」。人們出於經濟原因而移居都市，都市的經濟狀況好時會吸引大家來定居，經濟不景氣時，乾旱及水災衝擊大面積的農地，也造成農民大規模遷移到都市。因為興建垂直農場而創造的都市農業，也可能為這些人提供就業機會。對流離失所的農業人力來說，還有什麼會比發現自己仍然可以種植及收成（只是現在是在受控制的環境裡）更好呢？不必再去祈求風調雨順、溫度適宜，也不必再花時間祈求那些像賭彩票一樣靠運氣的事情。

樣樣都在控制之下

　　室內農業並非新的概念。溫室的水耕農業從1930年代就已經存在，許多具有商業價值的作物，例如草莓、番茄、辣椒、小黃瓜、香草以及各式各樣的香料，都已經能夠在商業溫室裡生產，銷售到世界各地的超級市場，且過去十五年來產量不斷增加。這些溫室的經營規模多半比不上以土壤栽植的傳統農場，但與戶外種植相比，這些設施卻能常年生產農作物。瑞典、挪威、荷蘭、丹麥、英國、德國、紐西蘭、美國、加拿大、日本、南韓、澳洲、墨西哥、西班牙及中國都有蓬勃的溫室農業。

　　除了植物之外，某些動物也已經以商業化的室內養殖方式生產，包括淡水魚（吳郭魚、鱒魚、鱸魚、鯰魚及鯉魚），以及各式各樣的甲殼類動物與軟體動物（蝦、龍蝦、淡菜）。牛、馬、綿羊、山羊以及其他大型的農場家畜似乎比較不適合在都市農場裡蓄養，然而，家禽（雞、鴨、鵝），甚至豬，目前都已經可以在室內養殖了。

　　垂直耕種將能夠消除各種外部的自然力量對於糧食生產的干擾，我們所種植的許多植栽，有許多都因為氣候快速變遷造成的惡劣天候，沒能有機會長大成熟，還讓二氧化碳排放問題更加嚴重。美國農業部（USDA）估計，目前種植在美國的農作物，50%以上根本到不了消費者的餐

桌上，大部分的損失是因為乾旱、洪水、腐爛以及植物病蟲害。若以全球的情況來看更糟糕，將近70%的農作物無法長到收成階段，便死於上面所列出的各種原因以及蟲害，如蝗蟲及各種病原微生物。這些損失完全是可以避免的，因為我們現在可以在室內精心挑選及嚴密監控，確保每一種動物或植物都能在最佳產量的條件之下，常年生產我們所需的糧食。這是個非常簡單的抉擇：控制一切條件（室內農場）或什麼都不控制（戶外農場）。

今天，我們站在一個艱鉅但有趣的十字路口。我們持續進行都市化，卻沒能納入永續生存所必要的技能，也不去試圖深入了解我們眼前的消費嗜好對於生態過程所造成的破壞。就這方面，科學已經開了先鋒，衛星觀測結果已經發現許多造成氣候快速變遷、讓我們面臨難題的因素。

不再傷害土地

從全球的尺度來看，我們應該向醫學上的信條看齊：「不造成傷害」。在這個情況之下，「不傷害」是指幫助地球的其他生命求生存，這同時也幫助了我們自己。另一方面，有些人經常會忽略他們所作所為的長期後果，並選擇立即的投資回報，結果往往對自然系統造成各種不同形式的侵占，破壞了生態系統的功能與服務，引發許多的健康

問題，這些顯然是可以避免的。

我們都生活在下游

　　考慮轉換為都市農業，最急迫的理由之一，與我們目前如何看待及處理農業廢水有關。事實上，人類完全沒有處理農業廢水。農業逕流造成生態系統的破壞，遠勝過任何其他的污染，世界上大多數的河口深受農業逕流的負面衝擊，已經嚴重到不再能作為海洋魚類、甲殼類動物及軟體動物的孵育場，這就是為什麼美國有超過80%的海鮮產品必須從國外進口的原因。更何況，大多數情況下，我們對此卻是無能為力，因為農業逕流的時間及程度是由洪水所控制。但垂直農場會回收廢水，能一勞永逸地消除農業逕流。

水，水，到處都是

　　城市污廢水（俗稱黑水）的處理不同於城市的固體垃圾，如紙板；大多數情況下，發展程度較低的國家，灰水、甚至黑水是在未經處理的情況下排放，大幅增加了居民感染沙門氏菌、霍亂、阿米巴痢疾以及其他經由污染糞

便而傳染的傳染性疾病的風險。理想上，不該把這些污廢水一股腦兒排放掉，而是要擷取人類糞便固體裡的能量。一克的糞便若經過燃燒可以產生大約1.5千卡的能量，如果全紐約市的800萬居民決定集合眾人的糞便資源，透過焚化的方式來發電，他們會發現，每年可以產生的電力相當驚人，高達九億千瓦，足以供應許多大型垂直農場的電力所需，不必使用城市的供電。

有些垂直農場將被設計成一個獨立的水再生設施，引入安全可用的灰水，然後利用先進的除濕系統來收集植物蒸散的水分，把它回復成可飲用的水質。收集植物蒸散所產生的水分是可行的，因為整個農場將是封閉的。由此產生的乾淨水將被用在其他垂直農場，作為種植經濟作物與水產養殖之用。

最終的目標是，所有來自垂直農場的水都應該可以飲用，因而能完全回收到製造出這些灰水的社區。同樣以紐約市為例，「大蘋果」平均每天把大約10億加侖處理過的灰水排入哈德遜河河口，保守估計，1加侖工業級用水的費用是5美分，如此看來，加以回收似乎非常划算。

塵歸塵

另一個有機廢物的主要來源是餐飲業，紐約市有兩萬

八千多家餐飲服務場所,產生大量的「剩菜」,餐飲業必須付出相當高的代價將它運走。街頭上放著一堆堆被廚餘塞爆的超大垃圾袋,有時會放置好幾個小時甚至好幾天才有垃圾車來清運,這使得蟑螂、老鼠及其他害蟲有充裕時間在戶外享用這些西半球最好的餐廳美食。

垂直農場可以讓餐廳因為這些寶貴的商品而賺錢(或許可依熱量多寡來收費),這不但讓這個出了名的薄利(2-5%)行業能夠賺取額外收入,透過從垃圾變能源的回收計畫,也能提供原料。哦,還有一點:它讓我們可以跟害蟲說再見。紐約市每年約有八九十家餐廳倒閉,其中絕大多數沒有通過衛生部的稽查,害蟲(老鼠、鼠屎、蟑螂)以及不衛生的環境,讓這些不速之客賴著不走,是檢查員所發現的共同問題。

藉由控制堆在路邊及廚房裡的廚餘量,以消除大量的害蟲,將能促使市區內的廢棄房舍發展為中低收入戶居所,不會有因為要與四隻腳及六隻腳的各種害蟲為伍,而有危害健康的問題。

廢水橫流

無論都市的垃圾對陸地及水域生態系統所造成的破壞有多麼嚴重,名列全球最嚴重污染問題之冠的還是農業逕

流。如上所述，農田逕流破壞了廣大的地表水及地下水體，地球上可用的淡水大約有70%用於灌溉，所造成的逕流通常帶著過剩的鹽分、除草劑、殺菌劑、殺蟲劑，以及從營養耗盡的農地土壤中濾出的化學肥料，回流到無數的河川與溪流中。未經處理的逕流進入海洋之後，可能因為所含的營養成分以及會消耗氧氣的農藥，特別是硝酸鹽及亞硝酸鹽，阻斷了其他的生態系統。

河口及珊瑚礁已經成為重災區，例如，牙買加農地的農業逕流已造成周邊海域珊瑚礁減少，曾經充滿豐富海底生命的珊瑚礁成為一片死寂，這讓完全依賴完整珊瑚礁而生存的海洋漁業走向倒閉。為了開闢農地而砍除森林也造成類似的後果，馬達加斯加周圍的珊瑚礁已經因此而永遠改變。

而1993年發生在密西西比河中游的大洪水，則讓墨西哥灣的海洋生命在多年之後仍然一蹶不振，密西西比河系肥沃窪地的土壤累積了多年農業耕種殘留的硝酸鹽，經沖刷到墨西哥灣後形成死區，從亞瑟港、路易斯安那州，到德州的布朗斯維爾，整個漁場（牡蠣、蝦、魚）的生機被扼殺殆盡。卡崔娜颱風則帶來了最後一擊，幾乎可以肯定，這個曾經產量豐富的沿海漁場，在好幾十年之後仍然還會是個死區。

封閉的系統

垂直農耕讓我們有機會大幅減少這種非點源的水污染，只要我們把廢棄物視為有價值的商品，這種永續的概念是可以實現的。人類現在已經能夠長時間生活在離開地球表面的封閉系統中（例如國際太空站），就這個實例而言，廢棄物已經是過時的概念，不幸的是，就算是NASA也還不能完全達到這個目標。因此，如果我們想長期生活在月球或火星，最好先學會如何在地球上達成這目標。我將把我對於如何進行興建第一座垂直農場的想法提供給讀者，但我相信還有其他人也正嘗試建造實際的垂直農場。希望眾人的努力能造福人類，讓我們不必擔心生命基本必需品（安全且穩定的食物及水源）的匱乏，可以進入下一個階段的發展。

循環論證

模擬生態系統的行為，意味著不超額消耗再生能源、水及食物，且以實際及負責任的方式來處理人口問題。最重要的是，我們必須學會以對生態友善的方式來處理廢棄物問題。在自然的環境下，廢棄物是不存在的，若從生態

學家的觀點來看，現在的城市根本達不到最單純的生態系統的最低標準。所有城市消費的一切外來物資都有極限：能源、水、食物、乾貨。再加上每年為了處理垃圾花費千百萬甚至數十億美元，最後的結果卻是一個與我們的期望完全相悖的大雜燴系統，如果早知道擺在眼前的是這樣的陷阱，一百年前，人們就不會這麼設計了。

這本書的主要前提，是聚焦於利用都市的高樓建築來種植糧食，如果我們知道怎樣辦到，那麼也就能夠想出方法來處理垂直農耕所產生的垃圾。一旦這個問題解決了（並不需要新的技術），所有其他廢棄物管理的問題也就解決了。近年來仿生學原理方興未艾，現在已經是矽谷及其他技術圈朗朗上口的名詞。促成奈米科技產業的邏輯系統（也就是模仿自然最擅長之處）已經催生了許多新的公司，且隨著我們更了解大自然如何解決環境不斷變化的問題，還將有更多的成長。著名生態學家霍華德‧奧登（Howard Odum）曾經說過：「大自然能解答一切，你的問題是什麼？」我要問的是，城市要怎樣才能師法自然，成為功能性的生態系統？

Chapter 2

昨日的農業

有志者，事竟成。

——中國諺語

移動的盛宴

　　就在2010年的某一天，地球人口突破70億大關，這豈止令人惶惶不安而已。世界衛生組織與人口委員會估計，若人口成長速度不變，到2050年時將上看86億，但我出生的時候，地球上才只有26億人。更令人擔憂的是，不只是人口，還有其他東西也在成長當中。地球正在發「熱」，明確顯示整個系統已出了問題，全球暖化，也稱為氣候變遷，是全球人口大幅成長後一個意料外的後果。全球的冰層正在融化：地球遭逢了嚴重「躁鬱症」，這完全與人類為了供應食物與加工產品日增的需求而不斷增加石化燃料的使用量有著直接關係。如果我們繼續維持目前的糧食生產策略，那麼，要讓85億人口都能有足夠安全及高品質食物，勢必造成下一個危機，如果不加以解決及修正，人類將難以生存。為什麼這一切會如此嚴重失控呢？回答這個問題之前，我們要了解農業是如何開始的。除了這項發明之外，也必須說明我們是如何設法逃脫滅絕的命運，並且在新時代嶄露頭角，變成浩瀚宇宙裡這滄海一粟的「主宰者」。

　　回顧我們的起源，在油綠肥沃的非洲東部平原上，人類以一種優勢哺乳動物物種的身分崛起，這一切似乎相當不可思議。三百萬年前，所有原始人種（究竟有多少種我

們仍然不能確定）都只能緩慢移動，就算是最慵懶的大型
貓科動物也都比人快。不管是要戰鬥還是逃跑，人類都不
在行，怎樣躲開那些食肉動物，才是最重要的生存之道。
因此，我們的祖先多半得靠著機靈狡詐，而不是用體力取
勝，否則將被吃掉。

　　有些理論援引某些經過仔細檢驗的化石紀錄作為立論
基礎，聽來似乎言之成理，也許真能解釋我們的祖先是如
何設法避免遭到淘汰。一群體質人類學家認為，人類演化
之所以比完全草食的原始人種更占優勢，是因為人類祖先
的高蛋白質飲食方式，包括攝取肉類，使他們能夠迅速發
展出更大的腦容量。再加上對生拇指的發展，使人類能有
高度的靈巧性，應用雙手發明並生產工具，特別是武器。
附帶一提，非常諷刺的是，從人類成為地球上僅存的人科
物種之後，一直到現在，人類的優勢都是靠著發展更好的
武器裝備。人類採用各種先進武器來狩獵、抵禦天敵與其
他競爭的人科物種（就像史坦利・庫布里克〔Stanley
Kubrick〕根據亞瑟・克拉克〔Arthur C. Clarke〕原著小說
《2001太空漫遊》所詮釋的改編電影一開場的那些場
景），取代了原本較無效率的採集與撿食策略。這應該能
讓人類可以自由自在追獵成群牛羚、斑馬及其他大型食草
動物。

不移動的盛宴

　　另一個比較不流行、但同樣振振有詞的理論則認為，我們的祖先在稀樹草原上扮演的是機會性雜食動物的角色，主要的活動是吃食剩下的食物，而不是製造工具來狩獵並顯露其技術優勢。人類使用手斧及其他簡單的工具，撬開剛被獅子、老虎、豹、禿鷹等動物剝食一空而後遺棄的動物屍體長骨，營養豐富的骨髓可能是人類唯一可享用的剩餘物，但已具備足夠的能量及高蛋白質，加上當地可食的水果、堅果及穀物，讓人類能在惡劣的環境下蓬勃發展。人類早期的發展階段中，在非洲顯然並沒有像鬣狗般的祖先，但西歐卻有，如此更進一步地強化了這個假設，因為現在的鬣狗是一種攻擊性很強的物種，牠是東非唯一的掠食兼腐食動物，能用超強的下顎及堅固的牙齒咬開牛的長骨，事實上，牠們也可以快速解決大象及河馬的骨頭。人類的原始棲地如果有牠們存在，無疑將使人類沒有任何撿食骨髓的機會，特別是在沒有任何有效的武器，例如長矛的情況下。也許我們最好將人類祖先在早期發展的成功看成是因為他們能將各種生存策略加以應用與組合，在有需要的時候當場應用，有點像是「什麼最好就用什麼」的策略。

　　儘管對於人類演化的相關說法，大多數人類學家很少能有共識，但他們似乎都相信，起碼，早期的人類是足智

多謀、思慮周延的哺乳動物，已經會做許多事情，有強大的求生本能，能支持他們存活到可以繁殖的年齡。科學家檢視現代人類的早期群落（大約生活在距今20萬年前）的牙齒化石，從齒面磨痕可以很容易看出他們的飲食方式，是雜食性的狩獵兼採集模式，這是個很明顯的證據，顯示他們會吃食任何最容易取得且能安全獲取的食物。檢視在聚集地點發現的許多斷裂動物骨骼，上頭所遺留的痕跡無可爭辯地證明，人類是用手斧來撬開這些骨骼。數萬年來，人類祖先用這種方式成功生存下來，完全沒有想到要種植可食用的植物，或定居下來、發展都市。

然後，只剩下一個

人類演化成具獨特遺傳特徵的現代智人（Homo sapiens sapiens）之後，尼安德塔人（Homo neanderthalensis）是唯一還存在的人科動物（先不提俗稱哈比人的佛洛瑞斯人〔Homo floresiensis〕）。在現代智人試著尋找離開南非的方法時，他們的近親Homo helmei早已搶先一步離開，比現代智人還早了大約25萬年，並向北遷移到歐洲，在那裡演化成尼安德塔人並開枝散葉，大約13萬年前已經在歐亞大陸廣為分布。他們製作了許多令人驚嘆的工具，主要為重型長矛，可用來戳刺，但可能不適合長距離投擲，他們利用工具來打獵、剝皮以及切開獵物。他們的獵食對象

主要是更新世的巨型哺乳動物，包括長毛的猛瑪象及洞熊（cave bear）。他們仍沿襲狩獵與採集的生活方式，但到了距今約4萬5千年前現代智人抵達歐洲時，這種採食方式已經幾近消失。顯然，現代人類並不受尼安德塔男性或女性所青睞，因為我們的基因組中並沒有任何尼安德塔人基因組裡DNA序列的殘餘（尼安德塔人的基因組最近已經定序），顯示這兩個物種並未產生雜交品種。

神祕的是，到了2萬8千年前，地球上已經找不到任何尼安德塔人。他們是如何消失的？為什麼消失得這麼快？這是個充滿各種猜測的問題，其中包括現代人類祖先可能利用優越武器來剷除競爭者。儘管目前已有為數不多但頗有說服力的證據，能證明這兩種原始人種確實偶有武裝衝突，但我個人並不相信現代人祖先會「鞭打他們的屁股」。尼安德塔人是優秀的獵人且非常團結，即使是最聰明的一群現代人類，要想一再擊敗這樣的強敵也是個相當大的挑戰。更可能的原因是被疾病打垮，精確地說，是現代人類的疾病。從西班牙、德國、克羅埃西亞及俄羅斯等不同地點的六名尼安德塔人的骨骼樣本所取得的粒線體DNA顯示，尼安德塔人的基因組同質性非常高，多樣性只有現代人類的三分之一。這顯示，尼安德塔人的免疫系統也相當局限，他們或許很能抵抗過去所遭遇、跟著他們一起演化的微生物感染，但是非洲現代人類所帶來的新病原微生物具有不同的抗原特性，以及更強的致病因子，可

能讓尼安德塔人的 T 細胞及 B 細胞完全措手不及，結果可能導致這最後僅存的原始人種走上滅絕，讓人類得以順利重新填滿這個區域。

陌生土地上的陌生客

這絕不是第一次因為新引入的傳染因子而引發物種滅絕，夏威夷群島的自然歷史就充滿了許多非本土物種帶進傳染因子的例子，至少有五個屬的熱帶鳥類因為鳥類瘧疾的引入而徹底滅絕。

在西班牙入侵中南美洲時，也幾乎發生類似的事情，當地 5,000 萬名原住民有近 90% 的人口不幸死亡。征服者讓這些倒楣的無辜原住民感染了陌生的微生物，包括從歐洲帶到新大陸的流行性感冒和一般感冒，導致幾近大滅絕的結果。在西班牙放棄於新大陸建立新殖民地的夢想之前，有近 4,500 萬人喪生。反過來，西班牙軍隊也從當地原住民身上得到了永恆的「禮物」，梅毒，這無疑是因為強姦及掠奪而被傳染，然後他們還把梅毒引入歐洲。梅毒並不像流感一樣屬於暴發性的疾病，死亡原因主要是神經系統的感染，因此歐洲人並不會快速死亡。且由於它是一種透過性行為傳播的細菌性感染，許多歐洲人只要能忠於家庭，就根本不會感染梅毒。

狩獵、採集、睡覺。狩獵、採集……

有一點是肯定的：尼安德塔人從來不曾有過農耕生活。中歐、北歐的大多數地區以及東亞地區的氣候都不適合從事農業，其一，生長季節短，且可用的耕地很少；第二，這些地區並沒有發明農耕的環境需求，因為尼安德塔人是穴居的原始人，他們跟著獵物而遷徙，能巧妙利用冬天室外的冰凍條件來保存食物，因此在冬天也能依靠肉類來維持生活。

然而，尼安德塔人也會從周遭環境中收集野生的穀物及其他可食用的植物，讓他們得以度過獵物短缺的淡季。在他們居住地點附近往往就有一些產量較為豐富的穀物，成為他們自然收成的一部分，因為在他們從採集地回到居住洞穴的途中，可能有些穀類種子意外掉落，或者可能有些儲存的種子被風吹到鄰近地區。儘管有這種無心插柳的收穫，尼安德塔人卻從來沒有想到，種植糧食作物是個不錯的點子。稍後，在現代人類以類似的生活方式入住這些地區之後，終於「恍然大悟」，刻意或不經意地將一些收集到的種子散播到附近有水源的土地（也就是這些寶貴植物原本生長的地方），他們終於能建立一種更可靠的食物來源。

話說源頭

達特（Ian Kuijt）與芬賴生（Bill Finlayson）最近帶領團隊在約旦死海附近的德拉（Dhra）進行考古發掘，也在該地區新發現了早期農業的遺跡。他們挖掘出一個類似儲物箱的構造，裡面遺留著大麥種子及石磨，年代約距今11,300至11,175年前。顯然，這些早期的農民是採集野生種子並就地耕種，然後利用專門的工具來研磨製成麵粉。這種對於儲物箱的需求，強烈顯示他們是非常成功的農藝家。這個場址的年代，比起之前發現的第一個種植馴化穀物的場址還早了至少一千年。

在同一地區發現的另一個種植馴化大麥的場址，年代則大約是在9,000年前。在當時，農業耕種非成即敗，從一開始，種植與收成的時機就都必須成功，當時可沒有美國農業部的推廣機構或網際網路可以幫忙。時機就是一切；加上陸續發明的曆法、天文、數學、文字，乃至於最後但並非最不重要的宗教。

遷徙之路

人類祖先的生活似乎相當不錯，直到大約十萬年前，

由於東非的氣候變化，森林枯竭，變成了半乾旱的草原地以及稀樹草原，迫使他們不得不離開東非。也許約莫在同時，鬣狗從冰封的歐洲進入東非。無論基於什麼原因，結果都是很明顯的，人類首次向南遷徙到現在南非的開普敦一帶，沿著西海岸定居在洞穴裡，大約分布在現在的納米比亞與安哥拉之間。鬣狗則堅守地盤，定居在坦尚尼亞的塞倫蓋提，並形成現有的生活方式，因為牠們的主要食物來源，非洲的獵物，仍然留在東非地區。

　　大約二萬年之後，由於另一個冰河時期即將開始，海平面更為下降（大約400英尺），人類設法逃出非洲，也許是往回沿著東海岸走到中東，然後到南亞，進入亞洲，最後並越過白令海峽的陸橋，來到北美大陸。他們在許多途經之處停留並永久定居下來，因為當地有植物可收成，有獵物可隨時獵殺，這種生活方式讓他們得以安逸地定居下來。大部分農業起源的中心，一開始都是先在該區域有聚居的群落，然後農業才跟著興起，與一般常理可能推斷的順序相反。換句話說，當人類終於建立大型的大家族聚落時，基於定居的許多社會面的優點，他們似乎深受定居生活所吸引，並創造出一種能夠留在原地、同時能養活不斷增長的人口的生活方式，如果沒有作物，這種生活方式將可能超出環境所能供應的食物限制。事實上，許多早期的定居點確實因為缺乏可靠的糧食供應，例如穀物，且無法儲存食物備用，而沒能成功延續。農業似乎是為因應這

種想要保持連結的欲望而出現的一種自然發展，人類天生就是群居的動物，難怪許多地區一旦開始發展農業，便能根深蒂固，而這一切都發生在約10,000至12,000年前。

英雄所見略同

世界上有六個主要的農業起源地區，都在發源後的幾千年之內擴展到鄰近地區：近東中心、中美洲中心、中國中心、新幾內亞中心、南美中心與北美中心。

半沙漠地區是適合發明農業的環境，同樣地，這也與常理有所違背。最合理的解釋是，農業要在沒有另一幫人類的競爭以及大型四足掠食者的環境之下，才可能比較成功。北美洲西南地區的阿納薩茲（Anasazi）、納斯卡（Nazca）、瓦里（Wari），以及南美洲的印加民族，當然還有西台（Hittite）、巴比倫、蘇美與埃及等，這些民族都能建造穩定的聚落，當中有許多還能在農業的根基下，持續蓬勃發展數百年到數千年不等。

再見了生物圈；你好，技術圈

一等到農耕成為例行事務且能合理預測的時候，人類

便開始將地球的大部分自然地景轉為糧食生產。歷史的記述往往將聚落及城市的發展，文明的出現、興盛及瓦解，特別是無情而不可抗拒的人口增長等事件，視為許多文化進程的表現。在這過程中，我們有系統地割裂了世界上大多數的陸地生物群落，重新安排無數植物與動物群落的生命，造成許多其他物種的滅絕。由於地球上的所有生命都以某種方式彼此連接在一起，終究，連我們都將因為自己恣意改變自然系統的惡習，而成了受害者。生態系統服務的流失是其中一項後果，我們費盡千辛萬苦才發現大自然對我們的恩賜，而且是免費的：洪水的調節、空氣的淨化、淡水的再生，更不用說地球溫度的調節。事實上，因為我們想要用更多的土地來生產糧食，地球已經產生了如此大的改變，無論我們從什麼角度來看，都有大量證據顯示出生態破壞的嚴重程度。

大約距今一萬年前，世界各地的人類為維持年復一年、持續不斷的糧食生產而發明的各種技術，都已進入早期發展階段，包括灌溉計畫、食品加工及儲存系統、複雜的菜色、發明天文學及日曆以預測節氣、書寫的語言及有組織的宗教等。所有處於胚胎階段的人類城市中心，全部不約而同、七手八腳地忙著進入兩次重大農業革命中的第一次。然而，農業的興起，多少比歷史書上所描述的還更漸進。

正如前面提到，在距今至少二十萬年前的新石器時

代，人類社區的生活方式通常是例行採集種類繁多、產量
豐富的野生穀物，包括小麥、玉米、粟米、大麥及稻米等
所有主要作物的原始種原，並將它們加工。整個歐洲、亞
洲，乃至於南美洲的許多洞穴遺址之中，都有充分的證據
能證明。大多數人類學家相信，由於野生的食用性植物會
有季節性短缺，最後終於造就用來管理這些先驅性作物的
系統性方法，作為一種避免過度收成的策略。以下將舉四
個例子，來說明在不同地區，無論地點或選用的作物，其
農業的發展與農耕手法卻是如此類似，幾乎好像是有某個
人同時打開了藏在人類基因組裡的那個「我想成為農夫」
的開關。

中東經驗

大約七、八千年前，在目前伊拉克境內一個被譽為肥
沃月灣的地區，人類開始嘗試用能夠永續發展的方式來大
量種植糧食，但成就頂多只有一點點。這是因為耕地的面
積只局限於河流邊的氾濫平原，如底格里斯河及幼發拉底
河，規模比現在小了許多。整個地區的聚落都能採集到野
生穀物，如大麥、至少三種的小麥，以及像是鷹嘴豆、豆
類及濱豆之類的豆科植物。農夫收集這些穀物及種子，然
後在有灌溉的條件下種植，這些種原作物如果沒有人類的

幫助就比較不容易生存，但同時也變得更有營養，因為通常最大的穀子及種子才會被選為次年的留種，這是一種最初期的人擇過程。一些人類生存條件的觀察家曾經揶揄道，當時的真實情況，其實是野生植物在栽培我們，它們把人類引入圈套中，讓人類必須完全依賴它們才能生存，藉此確保植物本身的生存！這種「你供養我，我也會養活你」的共生關係假說，至少可說是一種對農業實務的一個有趣的曲解。

揮霍無度的社會

但是，最開始耕種的農民並沒有意識到必須用能夠長久保育土地的作法來耕種，他們毫無警覺地放任作物耗盡土壤中寶貴的養分，沒有去思考要補充養分，因而導致土地破壞，到了無法修復的地步。當然，這些都是剛開始時的事情，當時怎麼可能有人會懂得植物的生理需要？大多數的人都相信是神在掌管作物收成的好壞，這些神如塔穆茲與尼薩巴（巴比倫）、奧西里斯（埃及）、狄美特（希臘）、薩坦（羅馬）、歐帕媽媽（印加）、庫庫爾坎（馬雅）、科科佩里（阿納薩茲）、后稷（中國）。農業的挫折造成宗教的興起；許多宗教的核心思想是認為群落或群落裡的一小群人曾做了什麼忤逆天神的事情。為了「矯正」

這個問題,並確保次年的收成,往往必須犧牲祭品,包括付出人命。如今,大多數農民仍然祈求讓作物豐收的必要因素,包括適量的降雨、適中的氣溫以及充沛的陽光。

在古代,由於人們缺乏有關於永續利用土地的知識,導致耕作無法成功,肥沃月彎的農民很快讓該地區的土地變成了不毛的沙漠,他們繼續向北遷徙,直到最後將所有的氾濫平原消耗殆盡。這塊位在中東地區的土地,現在仍然遭受長期乾旱之苦,且缺乏富含營養成分的氾濫沃土,因此嚴重限制了這兩條知名河流系統的農業形式。

埃及

相反地,整個尼羅河沿岸土地的農業則延續了數千年,因為當地氣候條件與週期性的氾濫事件搭配合宜,能確保較穩定的水文循環。在整個埃及歷史的不同時期,農民種植的蔬果種類多到令人難以置信,包括大蒜、韭菜、洋蔥、甘藍菜、生菜、小黃瓜、胡蘿蔔、蘆筍、豆科植物(豌豆、濱豆、豆子)、橄欖、棗子及許多藥草和香料,當中有許多是藥用作物。但是,尼羅河流域還是會有嚴重乾旱,導致農作物歉收,古老的莎草紙及象形文字中都精準記載了許多次的乾旱。埃及人甚至有一個專門負責看顧蔬菜(作物)生長以及天氣的神,稱為奧西里斯(Osiris)。

埃及人對於周遭環境相當敏銳，是一流的自然世界觀察員，他們的信仰系統也常以大自然為師。一個很好的例子是挖土的糞金龜，也被稱為聖甲蟲，這些多產的昆蟲被奉為生命的創造者，受到埃及人崇拜，這種甲蟲幾乎占據了住家周邊的區位，靠著人類豢養家畜的糞便維生。這種小蟲子的生命就是個一目了然的教材，除了在地底所發生的事情看不到之外。許多古埃及人看到這些蟲子採集動物糞便的一部分，把它滾成圓球，然後用後腿將糞球推下挖好的洞裡。次年春天，從洞裡「奇蹟似地」冒出了發芽的幼苗，通常是某些草本植物，還有另一隻甲蟲。生命本身竟然會從我們在攝食生命之後所丟棄的東西裡冒出來，這是多麼奇特的事情。對埃及的學者來說，這一連串的過程正好說明了某種相互依存的週期。當然，太陽也被神化了，因此埃及人很可能是第一個具備生態意識的文明，深諳永續生活所需要的所有重要關係。他們還發明了令人嘆為觀止的灌溉系統，將水從尼羅河引向內陸，深入好幾英里之遠，因而擴大了他們的農耕範圍；一群精良的專業農民仔細呵護生產的穀物及其他農產品，養活了數百萬人。

　　如今，尼羅河的水流嚴重受到亞斯旺高壩的阻礙，雨季時不再有洪水漫流，把來自偏遠的蘇丹及衣索比亞乾草原富含養分的淤泥帶到整個流域的河岸上。這些損失，靠著現代的灌溉計畫及化肥的廣泛使用加以彌補，才讓農業得以在這沙漠地區繼續擴增。

　　興建高壩的另外一個意外的負面後果，是擴增了血吸蟲的分布範圍，血吸蟲是一種水生的寄生蟲，與人類利用糞便及尿液來施肥的農業方式有關。這種寄生蟲的中間宿主，蝸牛，過去只局限在尼羅河下游，現在，拜河流水流減少之賜，已經擴大範圍到大壩腳下。儘管埃及的健全公共衛生推動機構試圖根除牠，這類寄生蟲仍然在當地肆虐，造成致命疾病。

　　在中東與埃及，因為農耕而造成的生態破壞一直相當廣泛，以尼羅河的例子來說，阻斷洪水甚至對整個地中海沿岸的海洋生物也造成不利的影響。其他地區也因為同樣的原因而面臨類似的命運，更有些例子因為粗率的耕作方法而造成生態瓦解，往往也導致文化的分裂或滅絕。

墨西哥

　　墨西哥是一個重要且熱門的農業起源地，現代玉米的起源可追溯到該國中南部的巴爾薩斯河谷（Balsas Valley）。2009年，農業考古學家在該區域許多不同的地點，發現了以顯微鏡才能觀察到其形狀特徵的澱粉顆粒，成了有力的證據，將種植原始種玉米的起源推前到8,700年前。原始種玉米是大自然裡幾個有親緣關係的禾草互相雜交的結果，這種新產生的植物能栽種在半乾旱條件下。

今天，玉米是包括美國在內的許多國家的基礎作物。
2007年，美國出口了6,300萬公噸的玉米，約占全球市場
的64%，對照8,000年前人類才剛開始學習如何種植這玩
意兒，可以想見這是多麼驚人的事情。在人類開始種植玉
米之後沒多久，整個新世界的許多地區，北自美國西南部
的阿納薩茲，南至南美洲的納斯卡、瓦里以及後來的印加
文明，都開始以玉米為主食作物。在這些新世界的大部分
文化中，有50%以上的飲食都含有玉米及玉米製成的產
品，例如啤酒。

祕魯

有兩個重要的文化發源在祕魯：納斯卡（距今約100
－300年）及印加（距今1200－1500年）。這兩個文明種
族都居住在炎熱乾燥的環境，在祕魯阿蒂卡馬（Alticama）
的某些地區甚至兩千多年沒下過一場雨。兩個文化的因應
對策都是開發創新的灌溉系統，其中有些還沿用至今。在
這裡從事農業的挑戰更大，因為缺乏規律的降水，使得土
壤相當貧瘠。儘管如此，這兩個區域都發展出強韌的文化
和複雜的飲食。納斯卡最有名的是他們在沙漠上排列石頭
「畫」成的抽象圖案，巨大、準確而順乎自然，令人驚
豔。納斯卡圖案是在1920年代為人所發現，多年來，它

的功用為何仍然是個未解之謎，連最有毅力的考古學家團隊也無法參透。直到最近，科學家經過廣泛的電腦模擬，推翻了它們是用作天文學輔助的假說。最合乎邏輯的解釋似乎反而是為了配合地理方位：大多數的圖案至少都有一個指向一處地下水源的功能。納斯卡人非常需要知道如何獲取他們所設想的灌溉水源，因此「畫」出了這些不尋常的圖案。為求擁有可靠的食物來源，早期人類不得不用盡他們的每一條腦神經來思考，否則他們將會滅亡，道理就是這麼簡單。

　　印加文明所發展出的社會，與納斯卡同樣複雜，且早在西班牙人到來之前，他們就已在納斯卡文明中心東方的山區裡過著愜意的半隱居生活。他們在那裡栽種了許多種可食用的植物，包括馬鈴薯等塊莖植物，他們先將它乾燥加以保存，然後研磨成粉，用薯粉做成類似麵包的食物。當然，他們也種植與北方文化互相交易後所得到的玉米，此外，還有好幾種番茄、辣椒、酪梨、水果（草莓及鳳梨）、堅果等，甚至連巧克力都在印加人的飲食中占有重要的一席之地。為了種植這些植物，他們建造了繁複的高海拔灌溉水道，將水運送到偏遠的地方，像是馬丘比丘（Machu Picchu）。這些早期的灌溉計畫，許多都建得非常好，到現在仍在使用。

預期的結果

　　與農業一起興起發展的，還有豐富的書寫語言。口說語言起源於人類歷史的早期，也許比書寫語言早二十萬年。但是，書寫語言才能夠使我們留下紀錄，知道該做什麼、該避免什麼。種植的時間表、作物種類、如何種植、種植的地點、收割的時機，以及如何儲存糧食等等，都必須寫下來；同樣重要的是，必須知道現在是一年當中的什麼時候。為了滿足這個迫切的需要，人類發明了許多版本的日曆：阿納薩茲人雕刻了太陽匕首螺旋紋（Sun Dagger spiral）；阿茲特克人則創造了更複雜的日曆，稱為太陽曆石（Sun Stone）；不列顛群島的督伊德僧侶設計並豎立了龐大的巨石建構，如巨石陣及紐格蘭奇（Newgrange）巨石古墓，用來測定夏至的時間。

　　在這些用來測知季節的古老裝置當中，最引人注目的，是以追蹤夜空中的月球與可見的行星等天體的運動為基礎的裝置。這種構思優雅且先進的儀器，是希臘人在距今約2,200年前建造的，以黃銅做成，名為安提基瑟拉儀（Antikythera Mechanism）。除了這個了不起的發明之外，肯定還有更多不為人知的發明，都是非常實用的儀器，讓這些已經發展出某種永久性農業形式的文化得以預測季節。這些具有重要指標性的季節性活動（種植、收穫），

也導致一些儀式習俗的發展，大部分的儀式自然就成了許多組織性宗教的起源。

隨著農業成為獲得食物的常規方式，定居下來的人口愈來愈多，穩定的城市社區因而形成，進而孕育了一連串輝煌的文化。歐洲、亞洲、南亞、中東、中南美洲都興起了優勢文明，以順從自然的宗教觀念為中心、崇敬並慶祝食物生產。

如前所述，埃及人崇拜聖甲蟲與太陽，因為他們直覺認為這兩種物體加上水，直接掌管了各種植物生命的肇生，也影響了其他的生命。阿茲特克人以及許多亞洲文化（如日本）也崇敬太陽，大概出於同樣的原因。他們的想法是對的，我們承繼了這些古代文明的遺產，並加以精鍊及重新定義供應食物的方法，還重新詮釋了人類在建立這些作法時所秉持的宗教信條。

散播並複製

隨後的幾個世紀，多種不同形式的農業方式傳播到全球大部分地區，使無數人能夠享有可預測的糧食供應。隨著城市、貿易與海洋船運的興起，栽種起源於遙遠地區的植物已經成為平常的事。大舉湧入的新土壤以及小麥、玉米、稻米、大麥、馬鈴薯等數百種作物，廣為新興城市的

居民所接納，成為餐桌上的主要菜色，儘管他們已經不知道這些食物的來源。他們唯一關心的問題，似乎是在每年作物收成之後可以吃得到。

由於缺乏很好的農產品保鮮方式，能夠長時間保存的預製食品因而大行其道，穀物碾磨成麵粉，玉米磨成玉米粉，稻米可以直接儲存。不過黑麥及其他穀物的種子在儲存時卻會產生問題，尤其是在北歐，儲存的種子經常遭受一種真菌（麥角菌）感染，吃下之後會引起一種後來稱為「聖安東尼之火」的疾病，且往往會致命，這就是我們現在所熟知的「麥角中毒」。

有些收成的農作物或許會酸敗，卻無法阻擋農業的浪潮，然而，還是有許多人死於食物中毒，主要是由細菌引起的疾病，當時，沙門氏菌與志賀氏桿菌已經相當常見。用人類糞便為作物施肥，無意間幫助散播這些感染疾病，而細菌理論與良好的衛生措施，要一直到1800年代晚期才在歐洲紮根。就某些方面來說，立足於氣候溫和地區的文化比較幸運，能全年享有新鮮水果及各種蔬菜；但是，這些食物的儲存較為困難，許多剛收成的食物必須在一兩天內吃掉，否則就會腐爛。氣候溫暖的另一個優點是，同一種作物在一年可以多次收成，例如，在東南亞，水稻可能一年可三獲。

蘋果的滋味

同時，新引進的植物物種「變形」成我們現在稱為品種的新種植物，農民根據風味口感及整體外觀來選育，而不考慮抵抗植物疾病的特性。這些移植的農作物生長在與親代植物大不相同的環境，多半相當能適應年溫度曲線及降雨特性的改變。一個很好的例子是蘋果，蘋果原生於哈薩克東部的天山森林，這種滋味讓人趨之若鶩的水果，剛開始是一種味道苦澀、只有豌豆般大小、漿果狀的小型果實。在人類的照顧之下，蘋果逐漸演化出大約20,000個品種，其中超過7,500種是屬於商業量產的品種，這些品種與原始品種已經完全不一樣。

小麥幾乎在任何地方都能種植，但在蘇格蘭，這種野草轉化的基本作物，適應了該地區的低光照、較短的生長季節與惡劣的天氣型態，而生產出堅韌、頑強的長麥穗，結出全世界最大、最有營養的小麥粒。原始玉米也發生了巨大的變化，成為現在這種帶有典型雙耳、能長到「高度齊大象眼睛」的高大植物，與不起眼的卑微親代植物實在大為不同。

蓄勢待發的植物

在人類發現植物經馴化後的遺傳可塑性之後，許多新作物紛紛從野生植物中被挑選出來，並在很短的時間內馴化。當這些作物被引進時，也改變了當地居民的飲食方式。馬可波羅從東方帶回麵條，配上從南美引進義大利的番茄，建立了一套菜系，現在已在文明世界的大部分地區被廣為模仿。目前全世界有大約4,500種馬鈴薯，它也是起源於祕魯，並散播到歐洲及不列顛群島；經過許多世代，這種富含澱粉的塊莖植物，無論種植在何處，都徹底改變了當地餐桌的菜色。事實上，世界上很少有地方不能種植馬鈴薯，它其實是在北半球氣候的貧瘠土壤中成長茁壯，成為許多文化的理想新食物，在這些文化中，鹹魚乾是常見的菜色。

有些文化非常依賴這些「侵入」的物種，如馬鈴薯，以致於當這些新作物死於植物疾病，餐桌上吃不到它們時，大批人口便陸續發生饑荒，甚至死亡。1800年愛爾蘭的馬鈴薯歉收便是明證，這場農業災難造成大批愛爾蘭人移民到北美、澳洲及世界各地，來自這個島國居民的基因將人類基因庫重新分配，讓接受者與提供者都變得更加豐富。另一種人類馴化得非常成功的植物是稻米，在亞洲，水稻種植本身幾乎已經成了一種宗教，因為它已經成

為整個區域最重要的基本作物，全世界四分之一的人口以它為主食。

天堂裡的麻煩

如上所述，跟著農業而來的有好也有壞。這些事件必然會發生，不管是什麼作物或種在什麼地方。惡劣天氣（水災、旱災）、植物病蟲害，都會限制某種作物的產量。大自然從來沒有想要只種植單一植物，生物多樣性一直是建立有功能的生態系統的基本規則，過去是，現在也一樣。自然的復原力，關係到一個地區可以支持的物種數量，而不是單一個體或品種的數量，例如玉米或小麥。誠然，許多草原、凍原及高山森林都蘊藏著一些優勢物種，但也有很多其他的植物與動物散布其中，好讓能量流從某個營養級傳遞到下一個。農耕是將任何可能搶走作物養分的入侵者加以剷除，正如我們將在下一章中讀到的，人類竭盡全力來確保只收成我們所種植的植物，不管在過去還是現在，這都是違反自然生態的方式。在大多數地區，枯竭的營養素如果沒有補充（也就是施肥），土壤本身便不夠營養，無法連續好幾年持續支持某種特定的作物。但是也有許多例外的情況：經過好幾個世紀的地質活動所遺留下來的火山灰，能孕育出地球上最肥沃的土地，這些地區

的農業多能蓬勃發展。又如前面所指出，氾濫平原也是富含營養成分的土地，埃及及義大利持久的文明就是證明。

然而，無論是在哪個時期、或什麼樣沃腴的土地，所有人類族群因為經營農業而操作環境，並沒有真正破壞到人類賴以發展的根基，也就是完整的生態系統。反倒是我們制訂了一系列的法令，還把這些法令銘刻在石碑上，「許可」人類恣意支配那些卑微的生命形式，那些我們已經有能力馬上從我們眼前的生活空間剷除的生命形式，這才是問題的癥結。

世界主宰

隨著第一次農業革命的初潮而建立的大多數西方主流宗教，興起了一句哲學的弦外之音，明確陳述了上帝賦予我們支配土地及自然演化過程的權力，好改善人類生活。

舊約聖經《創世記》9:1－2的陳述毫不含糊：

你們要生養眾多，遍滿了地。凡地上的走獸和空中的飛鳥都必驚恐，懼怕你們，連地上一切的昆蟲並海裡一切的魚，都交付你們的手。

地球上所有的野生動物都懼怕人類，也許是因為我們

確實一直都生養眾多且人口持續倍數成長，現在已經遍滿了地球，威脅到自然世界其他生命體的程度。人類強烈想要主導自然演化過程，結果讓我們變得傲慢自大，以為我們可以為所欲為。一旦事情遂我們的意，我們就會有一種錯覺，以為自己掌握了自己的命運；完全相反地，惡劣的天氣，例如洪水、颱風、沙塵暴、颶風、龍捲風、乾旱、熱浪，以及其他不受歡迎的自然現象，如海嘯、地震、火山爆發，還有各式各樣傳染病的興起及再次流行，則讓我們暫停，迫使我們重新思考這個中心思想。許多頗有見地及創造性的神話，還有以小說為主的文學作品，往往表彰人與自然的對抗。但在現實世界中，自然往往是勝利的一方，一個色彩繽紛的汽車保險槓貼紙就這麼說：自然是最後的勝利者。但事實上，還有另一個較不為人知的舊約經文是這樣說的，《利未記》25:23－24：

> 地是我的，你們在我面前是客旅，是寄居的。在你們
> 所得為業的全地，也要准人將地贖回。

據說，在辯論神創論與演化論時，有人把這段經文念給葛培理牧師（Reverend Billy Graham）聽，但連他都沒聽說過。

莫擔心，要樂觀

　　勞務，是人類與自然世界之道德合同的一個重要部分，目前仍然能充分體現這個概念的國家是不丹，這是一個有著溫柔、友善人民的地方。多年前，我曾有幸到訪這個小王國，當時是十月，正值收成季節。令我感到震驚的是，他們的宗教（屬於佛教密宗的一支）並不允許使用役畜。農耕從一開始到收穫及麥穗脫殼，都是以手工進行。他們的作物簡單卻相當平衡，足以維持健康的生活：水稻、小麥、辣椒、番茄以及一些綠色葉菜。

　　當我與妻子抵達時，整個國家完全投入於收成工作，我們所參加的許多節日，全部都在慶祝收成。在一個值得銘記的場合，我們看到六個人在山坡上排成兩列，分站在一塊藍色塑膠篷布的兩側，這塑膠布顯然是他們對現代的唯一讓步。每個人都握著一把木製的雙叉乾草耙，這些手工製作的農具，與一萬年前全世界最早開始種植小麥的農民所用的農具幾近相同。一個人站在篷布的一端，將一堆新割下的健康蕎麥丟到半空中，另外五個人則分站在兩旁，一邊兩個、另一邊三個，他們馬上將麥子打落在篷布上，敲打麥粒，讓它從麥穗上脫落。與穀殼混在一起的麥粒隨後被帶到一個強風朝著固定方向吹動的低谷地。當天稍晚，在這片山谷地，我與妻子肅然起敬地看著一名婦女

背風站立，將一大籃敲打過的麥子對著下風處倒下，以分離麥粒與穀殼。麥粒的重量讓它落在婦人的腳邊，而較輕的穀殼則掉落在十英尺之外。再一次，我不禁有一種回到農業最源頭的感覺，這幅景象將令我永生難忘。

來自天堂的麻煩

不丹的人口大約有70萬，由於幾乎每個人都務農，因而能生產比自己所需還多的糧食，有足夠的剩餘可以出口到印度這些地方，換取一些現代的必需品，如汽油。只要每個人都參與這個生產糧食的過程，不丹的人口就永遠不會超出糧食生產供應量。但即使在這種田園詩般的社會，還是有一些問題蠢蠢欲動。不丹目前最大的問題與都市化有關；肥胖、心臟疾病及文盲似乎是該國衛生部長最關心的問題。唯一的希望是，他們將能在意圖現代化的自覺下達到一個平衡。如果這個獨立自主的社會也因同樣的理由而瓦解，如同許多的前車之鑑一般，則將是個恥辱。

現代的綜合體

無論是哪一種文化，目前的集體世界觀對於人類應該

如何與地球其他的生命實體和諧共生，都認同一樣的基本事實：自然是永遠不能百分之百預測的，它往往對我們的生存構成威脅，而最重要的，它是永遠無法完全理解的。現代的公共衛生應用科學發展，更為這個概念加入了堅實的支持數據，並讓我們了解，無論是為了農業、聚落或是工業發展，人類因各種目的而改變土地的後果：我們正面臨人類大幅重新安排自然地景而導致病態的危險（儘管無法預測且並非刻意）。全球科學界正迅速達到共識，認為無論是個人還是群體，我們必須避開不利於健康後果的生活方式，努力與地球上的其他生命形式達到生態平衡。

Chapter 3

今日的農業

舊地重遊,景物如昔,
今日之我已非舊時之我,最是令人欷歔。
——前南非總統曼德拉

發酸的葡萄

　　想要感受人類在第一次農業革命的全盛時期（也可以說是苟延殘喘）的生活是什麼樣貌，只需要看看諾貝爾文學獎得主約翰・史坦貝克對農場生活的描述就知道，場景是美國歷史最糟糕的時期之一。他的經典小說《憤怒的葡萄》發表於1939年，但大部分內容是在大蕭條時期寫下，那個時期的所有悲劇就在他的面前顯露無遺。整體來說，史坦貝克以農民及農業的苦難為焦點，他虛構了一個美國奧克拉荷馬州典型的農村家庭的故事，一如其他農場的處境，這農家在農場經營失敗後也面臨了考驗與磨難，藉此來說明美國農耕生活的轉變。作者用簡單的語言及有力的陳述句，讓讀者跟著喬德家的卡車，一路慢慢蜿蜒向西，開往「流著牛奶與蜜汁」的豐饒之地，加州的中央谷地。他們因為家園遭逢史上最嚴重、最持久的乾旱，不得不被迫「驅逐」離鄉。重要的是，要注意，旱災是所有高草草原正常降水模式的一部分。大部分的馴化作物，如需要大量水分的小麥及大麥品種，是不可能在這些半乾旱生態系統中進行農業種植的。但這些農場卻知其不可為而為之，在後來變成著名的「塵盆」地區建造家園，甚至還得到美國政府的批核章。但經過大約二十年異常多雨的氣候（1910－1930年）之後，事情就完全走樣了。顯然，沒有

任何方法可以復原這些好心自耕農的無心之過，他們耕耘又播種，把地景變得一片乾枯，連最真誠的祈禱都完全無法扭轉當前的災難。

因此，喬德一家人毫無其他選擇，只能放棄自己的土地，跳進他們可靠的福特卡車，幾乎拋去所有的家產，包括寵物。農場牲畜全部難逃噩運，必須留下來，然後慢慢地因為飢餓、脫水而痛苦地死去；數以百萬計的牛、羊、豬、雞被遺留散落在受旱災影響最嚴重的四個州。一路上，喬德一家人遭遇接踵而來的災難，但他們撐了下來，最後終於在加州落腳，不過卻又遭遇一些全新的社會問題。史坦貝克不愧是個精明的人類生存條件觀察家，讓整個世代的美國人都能感受到他們對自然環境造成破壞的影響。不久後，這個世代的人便進入了血腥衝突的第二次世界大戰。

喬德一家人是經過巧妙打造且集許多美國人刻板印象於一身的角色，他們全都能與史坦貝克擅長刻畫的「普通人」主題產生共鳴。他是他們的鬥士、他們的捍衛者、他們的紀錄者，他描寫了大多數人所遭遇的不公平對待，那些生活在我們現在還視為得天獨厚、開明、已開發國家的人。然而，《憤怒的葡萄》仍然是人對人不人道行為的最嚴厲控訴，一幅黑暗的悲苦油畫，顯現大蕭條時期政府管理部門對美國貧民福利的毫不關心。在美國近代歷史上唯一與此接近的，是小布希政府對卡崔娜風災之後亂象的處

理方式，史坦貝克如果還活著，肯定對這個政治災難大作文章。

史坦貝克描繪農家生活中最糟糕的景況：管理階層與工會主義的對抗，貧窮的自耕農試圖在一個完全不適合農作物生產的環境、連最基本的大規模灌溉計畫都沒有的地區勉強維持生活。他的文字是如此強大而真誠，因而能撼動美國與世界的歷史，並因此獲得諾貝爾文學獎及普立茲最佳小說獎殊榮。每次重讀這個令人沮喪的故事，我的腦中總是不斷縈繞著美國民歌手伍迪‧蓋瑟里（Woody Guthrie）、彼得‧席格（Pete Seeger）及拉姆布林‧傑克‧艾略特（Ramblin' Jack Elliot）合輯裡的副歌與景象，他們支持工會的歌曲，順著荒漠化的中西部布滿車轍的道路一路迴盪；不同大小形狀、同樣超載且破舊不堪的車輛組成鬼魅般的車隊，籠罩在昔日農田的煙塵之中，大批農民默默出走，一些選擇留下來的赤貧人家，最終也在所有希望都破滅之後，在他們骯髒、破舊的陋室裡自殺；成群農場牲畜的屍骸半埋在地下，散落在這片貧瘠的鄉村地區，彷若喬治亞‧歐姬芙（Georgia O'Keefe）與法蘭西斯‧培根（Francis Bacon）合作的一些超現實主義混合畫作。

《憤怒的葡萄》用535頁的故事，為人類長達萬年的農業寫下最終章的句點。對任何一場革命來說，這壽命不算短，況且它還涉及重新塑造催生人類文明的環境。我曾經給我的一班學生觀看根據這本小說拍攝的奧斯卡獎獲獎

影片，我很震驚地發現大部分學生從未聽過這本小說，更不用說這部電影。更讓人吃驚的是，他們承認並不知道亨利‧方達（Henry Fonda）是何許人。希望多少能與這些學科學的年輕人有所聯結，避免在當下產生嚴重的文化代溝，給他們太深的挫折感，我喊道：「看在上帝的份上，他是布莉姬‧方達（Bridget Fonda）的爺爺！」所有學生如釋重負，笑道：「噢，那個方達呀！」看完影片，所有人，包括我，莫不濕紅眼眶。許多學生接著都讀了那本書，並深受感動。

四人行

21世紀農業的起源可以追溯到四件事情的匯聚：美國的南北戰爭、石油的發現、內燃發動機的發展以及炸藥的發明。

內戰幾乎讓美國走向分裂。1860年，美國大約還有3,300萬公民，之後，從1861年4月12日起到1865年4月9日止的四年內就死了近400萬人，其中許多是平民。還有什麼新鮮事嗎？那就是神槍手的誕生。瓦特‧惠特曼（Walt Whitman）充滿熱情地描寫這場戰爭，年輕的溫斯洛‧荷馬（Winslow Homer）從紐約市出發，為《哈潑周刊》畫戰爭的插畫。這場內戰是為了爭奪美國南方的主要

農產品棉花的控制權，反對奴隸制度幾乎是事後諸葛。新英格蘭地區的紡織與服裝製造商希望能不受限制地取得棉花的原料，且依照他們的條件；而南方的棉花種植者要的是最好的價格，不管是誰買了他們的收成。大規模的衝突發生了，南方乾脆把大部分的棉花賣到歐洲，價格比北方紡織工業的出價高出許多。無論哪種情況，美國北方對南方的企業都感到非常反感。對南部的棉花田主人來說，勞力很便宜，讓他們能夠坐收暴利，因為主要的勞動力多半仰賴來自西非的奴隸，儘管白人契約農工也為數不少。這些從西非來的奴隸除了提供可靠的工作勞力之外，還帶來另一個東西，後來也讓新大陸經歷另一場巨大的改變：他們把鉤蟲帶進了美國的土地。

隨著野蠻衝突的持續年復一年，軍隊招募者開始感覺到北方的支持愈來愈少，因而喊出一個團結的口號是有必要的。

「幫助把棉花帶回我們的廠房，讓我們有些人可以變得非常富有。」

這種「廝殺聲」不會引起年輕新兵的共鳴，對多數人來說更是事不關己；必須要有某些訴求能夠讓北方不同於南方，譬如那種帶有情感及道德訴求的口號，事實上，必須是能充分彰顯北方新教倫理的口號。他們將議題定調在奴隸制度，早在戰爭開始之前，廢奴主義者就曾多次向參議院請願，希望廢止奴隸制度。他們的想法一開始窒礙難

85
今日的農業

行，只因理由並不正當；所有虛假的道德課題，用來包裝廢奴制度的最終決定，都被犬儒主義者一一點破。一直到南北戰爭爆發後整整過了兩年半，反奴隸制度運動才殺出生路。南北戰爭在沙特堡（Fort Sumter）開出第一炮時，包括南方與北方，所有人都以為北方很可能落敗，因為喬治‧麥克萊倫將軍（General George B. McClellan）連最簡單的作戰計畫都搞不定。

1863年1月1日，林肯總統終於發布了著名的解放奴隸宣言，勒令禁止奴隸制度。但如果沒有奴隸，南方的紳士將被迫自己攬下所有的粗活，這從來不是他們能接受的選項，因此戰爭又再持續了兩年半。轉折點發生在1864年，北軍撤換喬治‧麥克萊倫將軍，改由格蘭特將軍（General Ulysses S. Grant）上陣。喬治‧米德將軍率領波托馬克軍隊在關鍵的蓋茨堡戰役（Battle of Gettysburg）中打敗了羅伯特‧李將軍（General Robert E. Lee），不久，南方在阿波馬托克斯郡府投降。戰爭結束，除南方以外舉世歡騰，奴隸制度真正廢除，至少在名義上是。之後的近二十年，南方陷入經濟恐慌，而北方的紡織廠最後則從印度、中美洲及埃及等地取得他們需要的棉花。

如果南方要重新以農業勢力再次崛起（如同過去崛起時一樣），勢必要發明新的耕作方式，石油的發現與內燃機引擎的發展，正好登場。一場爭奪經濟優勢的政治鬥爭，最後變成迫使南方地主轉用機械化耕作設備的重大事

件，耗油的老爺車取代了人力。藉由這些機器以及用機器輔助的創新農業技術，偉大的第二次農業革命展開了。

新石油

　　美國第一個大量開採原油的地點，是在賓州的泰特斯維爾（Titusville）。1859年埃德溫・德雷克「上校」（"Colonel" Edwin Drake）鑽探滲出原油的基岩，自此一夕致富。早在1854年，波蘭就發現了石油，這種黏稠的黑色液體迅速開啟了一個遍布世界的產業，甚至在美國德州。今天，中東的石油輸出國組織（OPEC）會員國已成為傳奇，石油與天然氣成為全世界最重要的兩項濃縮能源，幾乎所有事情都靠它們驅動，包括複雜的農耕設備。原因為何，不必列明，因為它們是如此廣被接受，燃燒石油產品也為地球的生存種下禍根。

內燃機

　　儘管如此，內燃機引擎的發明者對於石油的發現並不買單。內燃機是德國的尼古勞斯・奧格斯托・奧托（Nikolaus August Otto）於1861年所發明，原理是在密閉空間裡壓縮正確比例的空氣與汽油，然後點燃它，藉此釋放足夠的能量來驅動活塞，進而帶動飛輪轉動，產生動

能。就是這麼簡單，一點也不足為奇，第一家利用這個新發明來製造汽車的製造商就設在德國。在此之前，車輛是以蒸汽來推動，但一些技術上的困難，包括鍋爐爆炸及熔毀，讓蒸汽車的運行有點難以預測。隨著石油成為另一種燃料的選擇，史坦利蒸汽車（Stanley Steamer）以及所有同系列蒸汽車，也全都從一開始就注定失敗，縱使從未發生過任何造成傷亡的鍋爐故障。然後亨利‧福特出現了，他用創新的點子創造出組裝生產線、標準零件、成本低廉、一般人都負擔得起的汽車，可以用汽油或乙醇作為燃料。如果政治公義選對了邊，把苗頭指向像抽菸一樣令人不喜的酗酒習慣，那麼將可能對農業活動造成不小的騷動，讓大家選種容易製成乙醇的作物（玉米和其他穀類）；不過相反地，他們迫切要求禁酒，使得大部分的酒精生產都在1920年畫下休止符。走私客、地痞流氓以及非法私釀者齊聲叫好，或許甚至還為此舉杯乾下一兩杯自己鍾愛的美酒。一些陰謀論者認為，這是石油產業在後面搞的鬼，他們用財力支持第十八修正案與沃爾斯泰德法案（Volstead Act），藉此封殺乙醇燃料，這兩個法案把製造或銷售高酒精含量的酒類列為非法。不過，從全球的觀點來看，用非陰謀的解釋，汽油確實是所有早期汽車製造商的不二選擇。很難想像，處於胚胎階段的石油同業聯盟能夠策劃出這樣一個全球性的解決方案，可能的原因反倒是原油的豐富蘊藏、容易提煉成為汽油，以及它的燃燒效

率，使得石油成為首選的燃料。

亨利・福特也對1907年汽油動力曳引機的發明功不可沒，汽油動力車的引入，迅速取代了1800年代廣為流行的蒸汽動力曳引機，這種笨拙的龐然大物經常在春天農忙時卡在田地裡，特別是在潮濕低窪的地方，經常必須動用好幾匹馬來把它拖出來。福特的農用車輛價格合理、重量輕、體積小又靈活，很少卡在田裡，儘管直到第一次世界大戰爆發之後，它才被廣泛使用，但耕種的田地只要用了這種曳引機，便能徹底改變農業耕作的方式。今天，美國所使用的曳引機與其他農業設備大多數是由總部設在伊利諾州莫林的約翰・迪爾公司（John Deere Company）所製造，但全世界有數百家製造農業機具的公司，全都選擇使用汽油作為燃料。這也難怪，美國所消耗的石化燃料中，有大約20%是用在農業。

生命猶如一場爆炸

1847年，義大利化學家艾申尼奧・索布雷洛（Ascanio Sobrero）在杜林的實驗室合成了第一批硝化甘油，這是一種極不穩定的化合物，能讓世界各地無數的農民（還有少數的保險箱竊賊）得以炸毀任何他們想要破壞的東西。不幸的是，它也炸死了不少使用它的人。事實上，亞弗列德・諾貝爾（Alfred Nobel）自己的哥哥正是死於一場家

族硝化甘油工廠的意外爆炸事件，地點在瑞典首都斯德哥爾摩。在某些地方官員的壓力下，無所畏懼的諾貝爾將整個工廠遷移到他家鄉城市的郊區，並繼續改進這種當時人類所知最具爆炸性的物質。

1864年至1867年間，諾貝爾發現，將硝化甘油與黏土加以混合，能做成某種泥漿，讓分子變得穩定，在任何環境下都不具殺傷力。丟它、踢它，甚至用腳踩，都引不起絲毫的反應。他將這種新產品命名為「炸藥」。今天，我們將硝基與一般木屑混合，產生同樣的穩定混合物。這些炸藥裹入約一英尺長的管子中，用厚紙包住，裝上導火管與雷管，可以安全地運送到世界任何地方，因而迅速成為整地時的首選爆破物。過去，農夫在整地時往往需要一整隊的役畜，花上好幾天時間才能挖除樹根，現在卻可以在一天之內剷除整片森林景觀。這些空無一物的土地，曾經是原始的森林，現在轉作農業用地，經過翻耕之後，用來種植如玉米、高粱等農作物，在中西部開始發展農業的初期，幾乎所有作物都能帶來利潤。森林的土壤中富含深厚的黑土，相當適合種植任何一種生長在溫帶的作物。

與森林一起倒下！

在早期殖民地時代，砍伐森林之後可用木材作為房屋

建材及燃料，新英格蘭的墾民初試身手想發展農耕，卻沒有成功。較友善的印第安人幫助許多殖民者開始種植玉米，只需要在地上挖一個六英寸深的洞、放進一條小魚及一粒玉米粒就夠了；但是歐洲人並不了解在新家園土地需要施肥，往往忽略了魚的部分，因此許多人從一開始就完全錯了。

作物歉收基本上等於被判處死刑，許多墾民因為缺乏可靠的糧食供應而死亡。當地土壤太薄且多岩石，更因為夏季短而寒冬又太長，這些拓墾者就算花了多年時間開墾出許多土地，能種植一些糧食作物，往往還是功虧一簣。在岩石遍布的麻薩諸塞州、羅德島州及新罕布夏州，乳牛及乳製品很快取代農業。佛蒙特的乳酪製作與楓糖漿的生產，彌補了一些因耕作條件不適而造成的收益損失。由於農業已經轉移到新殖民地的其他地區，新英格蘭變成以供應硬木家具而聞名，並成為布疋及皮革製造中心（採用完全以水力驅動的廠房），而不以生產食品見長。

在美國東北地區，曾經因為農業需要而砍伐的森林很快地又重新長回來。這是因為在 1775 年，丹尼爾‧布恩（Daniel Boone）與一群志同道合的堅毅冒險家踏上了坎伯蘭山口（Cumberland Gap），為來自歐洲的新世代移民先行開路，成為通往中西部的門戶，進入青翠、肥沃的谷地與氾濫平原。過了阿帕拉契山脈之後，曲折蜿蜒的諸河流源頭位在同一塊古地形（薩斯奎哈納、阿勒格尼與莫農加

希拉）西坡的上游，形成了當地的地理景觀。再加上俄亥俄州與田納西州的河流，這些水道成為強大的密西西比河（「老人河」）流域的商業動脈，讓該地區成為北美洲理想的聚居地點，能發展農業，然後將農產品用船運到紐奧良、出口全球市場。

西方應許之地的消息很快便傳播出去，大批意志堅定的農民穿過山口，寫下了這段歷史。硬木森林很快被清除，農業迅速成為美國最熱門的行業，到史坦貝克開始撰寫農場輓歌時，每四人就有一人以農為生。很快地，美國中西部成為重要的糧食產地，供應全球各地。新英格蘭地區則維持幾乎完全工業化的經營模式，宰殺乳牛來生產皮鞋，並繼續保有其豐富的傳統家具製造產業。在1800年代中葉，人們已在遠西地區定居，畜牧業接手成為全美國第一大穩定食物供應來源，並發展出利潤豐厚的皮革副產品產業。

美國與法國在1803年談成「路易斯安那購地交易」（Louisiana Purchase），其後展開一次又一次的探索，在1812年戰爭期間，美國已充分顯示實力。在這兩起事件之間，隨著大批篷車從聖路易斯市開拔「西進」，美國開闢了更多新的農田。到了1850年代，由於美國南方的農業只側重棉花這一種作物，等於把所有雞蛋放在一個籃子裡，衝突已箭在弦上，勢所難免。到1860年，所有第二次農業大躍進的要素，在西半球都已經到位了。

我們回來了！

　　1945年，第二次世界大戰因為兩枚原子彈而踩下急煞車。其實，日本天皇裕仁和他的策士是因為這兩起恐怖的轟炸，才相信美國人真的沒有想要入侵日本。日本投降之後，美國軍隊號召集結數百萬部隊，盡可能讓他們回到平民生活。戰爭期間，十六至二十九歲的勞動力都上了戰場，糧食產量當然下降。根據真實故事拍攝的電影《搶救雷恩大兵》，一家四兄弟全在第二次世界大戰期間從軍，造成農業勞動力短缺，這正是這部電影描寫的主題。來自明尼蘇達州農家的尼蘭家四兄弟有三人死於戰爭，美國政府在得知這悲劇之後，發出命令要搶救僅存的一人，解除他的兵役並送他回家。他們認為，如果他也死了，又一個農場將因缺乏人手而消失。在戰爭期間，美國人勒緊褲帶，忍受菜單上的食物選擇大幅減少的生活，減少牛奶與牛肉的攝食量，改吃更多的澱粉以及⋯⋯更多澱粉。

　　由於新鮮及加值農產品都送到前線給軍隊享用，一般老百姓開始自己種植糧食以補不足。只要是環境允許的地方，處處都可以見到戰時花園，結果讓美國人重新學會新鮮採摘成熟番茄的價值。戰爭也創造了另一個意外的農業機會，開往太平洋戰區的美國運補船隊遇到了日本潛艇，立刻成了待宰的鴨子，大量物資流失，包括野戰口糧。許

多指揮官發出命令,要在美軍占領的島嶼上建立水耕設施,而誰最先想到這點子並不清楚。據估計,在戰爭期間,供應盟軍部隊的新鮮蔬菜有多達8,000噸都是用這種方式生產,彌補了在海上遇襲的損失。

戰爭結束後,美國把注意力轉向以土地耕種農作物,並成為全球最大的農業計畫,水耕栽培旋即被丟在一邊,完全被遺忘。此時嬰兒潮世代已經長成十來歲青少年,他們上大學的興趣比留在家庭農場還高;顯然,這對重新啟動美國食品生產「機器」影響有限。儘管戰爭是恐怖的,卻也帶來許多好處,包括提供了一個發展全國軍力完全機械化的時機,這方面又以一個團隊最為傑出:眾所周知的「海蜂」海軍工兵營。這個海軍團隊因聰明、有效地利用建築技術而獲得高度肯定,該部隊利用在戰爭早期已發展成熟的先進土方機械,很快加以轉換應用,把原始叢林很有效率地轉換成軍營,甚至小城市,他們尤其擅長將最惡劣的地形重塑成平坦的停機坪。戰爭結束後,相同的方法也被應用於那些在戰前被認為極度不宜農耕的土地,利用龐大的挖土機及大型曳引機,輕易地將這些土地轉化為有生產力的農田。在戰後歐洲與美國的軍事工業複合體中,農業趨於成熟,濕地不見了,取而代之的是玉米田與棉花田。由於美國東南部眾多的沼澤被填平,美國也永遠擺脫了瘧疾。

大自然不喜歡留白

　　就在歐洲與太平洋地區陷入戰爭的同時，完全沒人注意到喬德家的「塵盆」悄悄地變回原本的生態狀態：一片高草與短草構成的草原。短短十年之內，這片荒地就從濫種小麥與玉米的田地恢復為原樣，這怎麼可能？引人注目的新聞紀錄片拍下了表土被風颳起的 600 英尺塵煙，讓大家相信，這塊平原再也不適合人類居住。

　　然而，在居民大規模出走西方之後不久，野生動物回來了，原生植物的種子發芽並重新建立了交纏緊密的根系，能在暴雨時留住水分，這當然有助於保護及復育土壤。一旦青草成了優勢物種，所有草原動物便不再隱藏，到了 1950 年代，這片恢復生機的地景上已經可以看到數百萬計的沙狐、松雞、穴鴉、土撥鼠，甚至羚羊與小群的野生水牛與長角牛也遊蕩其間。

　　自然回復力的明證無處不在。1930 年代令人沮喪、毫無生氣的土地又恢復了當年的輝煌，不需要人類太多幫忙。事實上，正是因為我們轉身走開、為更美好的生活奮戰，放了它一馬，才讓深埋在烈日乾土下的種子、這個水分乾竭的地區重獲生機。

大腳

今天，世界糧荒問題愈來愈嚴重，在非洲及印度的某些地區，連最基本的營養，1,500卡路里的無病食物也被視為奢侈品。每當傳出作物歉收及預期糧食短缺的消息，尤其是稻米時，往往便跟著出現動盪不安及囤積居奇的狀況。充斥著走私稻米及其他重要穀物的黑市，經常沒收非政府組織用來救濟饑荒的糧食，達爾福爾的例子最能說明這種混亂的事態。儘管這一切聽起來令人震驚，幾乎所有人，包括最悲觀的農業批評家，卻都還相信全球糧食生產量還維持得不錯。諷刺的是，這個事件聽起來似乎像是編造的，但很可惜，事實就是這樣。根據聯合國糧農組織（FAO）的資料，目前的食物產量是前所未有的充足，美國農業部也同意這一點。

我們生活在如此嚴重不公不義的世界，讓人幾乎很難去思考這個問題。一直以來，地球氣候的迅速變化，持續將所有事物指向前所未有的動盪，尤其是能夠種植作物的地點。在未來的二、三十年內，人類將經歷一個既有農業方式將不再能滿足人口增長需求的過渡時期。只要看看我們為了農業需求而把所有陸地生態開拓成什麼樣子：一大片相當於整個南美洲大陸的土地，駭人的農業足跡，且不僅僅從土地利用的角度而已。幾乎所有的農業都需要某種

餵養世界：再一個巴西

要生產68億人口所需的糧食與牲畜，需要相當於一個南美洲面積的土地；若繼續採用傳統耕作方法，到2050年時，還要再加上一個巴西那麼大的土地，但我們根本沒有這麼多的耕地。

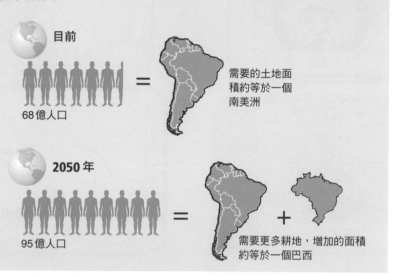

目前

68億人口

＝

需要的土地面積約等於一個南美洲

2050年

95億人口

＝　　＋

需要更多耕地，增加的面積約等於一個巴西

Courtesy Laurie Grace

農業與土地使用

一萬五千年前，地球上並沒有農地。現在，人類用來種植作物的土地面積相當於一整個南美洲。如果把畜牧業加進去，人類大概用了所有陸地可用面積的80%。人口專家預測，在未來四、五十年裡，人口還將成長30億，新增的糧食需求相當可觀。如果我們繼續以傳統方式進行農耕（例如土耕），那麼便還需要一個巴西大的耕地面積來生產糧食，但是我們並沒有這麼多的可耕地。若要避免嚴重糧荒，以及因為糧食及飲水等重要資源缺乏而引發的武裝衝突，我們需要另一種解決辦法。

人口增加

農業土地減少

沙漠化

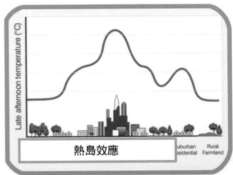

熱島效應

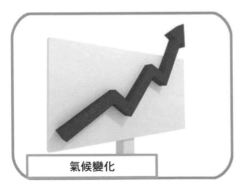

氣候變化

極端氣候更頻繁

洪水

作物歉收

蟲害

Courtesy Oliver Foster / O Design (www.odesign.com.au)

優點

垂直農場能提供完美的辦法，解決
全球目前所面臨的重大危機，例如
沙漠化、人口增加、氣候變遷、污
染、資源缺乏、生態破壞、食物供
應減少、都市熱島效應等等。

勝利花園

美國政府在二次大戰期間的政令宣導海報，鼓勵每個美國公民在自家院子種植蔬菜水果，幫助國家贏得勝利，讓商業農場能充分供應海外駐軍所需的主食，分擔其壓力。這個宣傳顯然如魔法般有效，數以百萬計的新手農民在自家後院種植小黃瓜、玉米、西瓜等作物，在地生產旋即蔚為風尚，而消費者也更加體認到新鮮採收番茄的價值。1945年大戰結束之後，美國回歸原本的商業形態，偏好大量生產的農作物。到了最近，才又回復在地生產農作物，只不過這次的主角是在市中心裡，而不是在郊區的自家後院。

溫室氣體排放總量：
來自美國家庭糧食消費的供應鏈層級

紅肉
乳製品
穀類／碳水化合物
水果／蔬菜
雞肉／魚／蛋
其他
飲料
油脂／甜食／調味料

■ 運輸
■ 生產
■ 批發／零售

0   0.5   1.0   1.5   2.0   2.5

氣候衝擊（公噸二氧化碳當量／每戶一每年）

© iStockphoto.com/Marc Dietrich

面臨危機的沿岸地區

圖例
營養過剩及缺氧地區
○ 隱憂地區
● 被記錄為缺氧的地區
◉ 恢復中的系統
〜 河川
⬭ 湖泊

Data compiled from various sources by R. Diaz, M. Selman and Z. Sugg.

Courtesy World Resources Institute

農業逕流是全球最具破壞性的污染來源。河口是河川入海的地方，在全球各地，光是過去二十年之內，這些高產能的水域已經被數百萬噸挾帶著淤泥、殺蟲劑、除草劑以及氮肥的農業逕流所淹沒，導致全球許多最重要的河口幾乎完全沒有生產力。

光是氮肥（銨及尿素）就造成數千億甲殼類動物、軟體動物及魚類等幼蟲或幼苗的死亡。它的作用機制很簡單：氮會嚴重耗盡氧氣，造成水生動物的幼蟲或幼苗窒息死亡。這是美國每年有80%的海鮮必須仰賴進口的主要原因。

主要河川沿岸農地氾濫的原因，有一部分是氣候快速變遷，加上農藥的過度使用，造成海洋裡養分過多的營養過剩區域，而缺氧地區則是水中氧氣過低的海域。

塵盆沙漠

這張令人印象深刻的照片顯現美國中西部的塵盆沙漠，肇因是不當的農業方法。在草原上從事農耕並非明智之舉，因為這種生態系統的降雨及溫度特性，若沒有灌溉設施或施用肥料，相當不利於小麥、玉米等馴化作物的生長。沒有這兩種「助長」措施，結果不難預期；土壤養分耗盡，以及降雨不足導致作物歉收。終究，土壤失去肥力，農田殘破，農民遷移到以加州為主的西部地區。

藍線：河川
紅線：引水道
綠色區域：中央谷地

沙加緬度河

蒙克隆尼水道
黑奇黑契水道

舊金山

分特肯水道
加利福尼亞水道
馬德拉水道

聖荷西

聖華金河

洛杉磯水道

海岸水道

Courtesy of Dr. Dickson Despommier

洛杉磯

科羅拉多河水道

聖地牙哥

加州中央谷地

過去五十年來，加州得老遠從科羅拉多河汲取需要的水資源，大大小小的灌溉系統交叉穿越整個中央谷地，提供種植各種農作物所需的水資源，包括葡萄、杏樹、柑橘及酪梨等。大多數的灌溉系統屬於淹灌式，也就是讓水像湖泊一樣漫過作物有幾英寸高，與讓水流過灌溉溝渠正好相反。

使用肥料、除草劑及殺蟲劑能確保作物達到最高產量，這些農藥沒有利用到的部分滲入地下，污染了地下水。在中央谷地的南部，這種污染造成含水層充滿富含鹽分的水。這些水無處可去（沒有河川或出海口），因此會持續累積升高，直抵植物根部。一旦達到植物根部，無疑將造成植物死亡。

有些人預測，再過二十五年，加州南部將不再能夠耕種，造成的農業收益損失將超過300億美元。而在北部，農業逕流將匯聚在沙加緬度河（Sacramento River），最後進入舊金山灣，造成另一場生態浩劫，終將影響該地區所有居民。

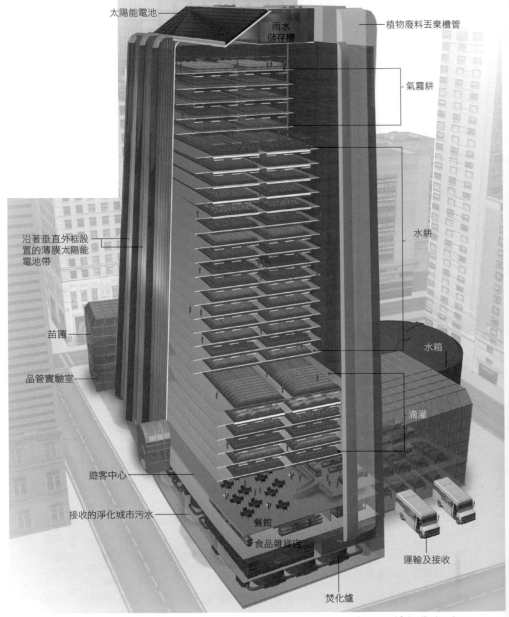

太陽能電池

雨水
儲存槽

植物廢料丟棄槽管

氣霧耕

沿著垂直外框設
置的薄膜太陽能
電池帶

水耕

苗圃

水箱

品管實驗室

滴灌

遊客中心

接收的淨化城市污水

餐館

食品雜貨店

運輸及接收

焚化爐

Courtesy of Scientific American

高樓作物

一棟三十層樓高的垂直農場將在各樓層用到幾種不同的耕作技術。利用太陽能電池以
及焚化來自各樓層的植物廢棄物,將能夠產生電力。淨化過的都市廢水將用來灌溉植
物,而不是直接傾倒至環境中。陽光及人工照明提供植物所需的光,進入農場的種子
將必須先在實驗室裡接受測試,並在育苗場發芽。大樓裡會有雜貨店及餐廳,直接販
售新鮮食物給消費者。

形式的灌溉，全球的可用淡水大約有70%是用於灌溉，在這種情況下，受影響最大的是飲用水的供應。在許多地方，不帶傳染病原及毒素的水已經愈來愈少，特別是在飲用水本來就已經相當稀有的地方。在一些面臨用水問題的國家，一桶飲用水的價值現在已經高過55加侖的原油。農業耕作在灌溉田地的過程中糟蹋了許多的水，造成的農業逕流不僅挾帶鹽分，還有在耕作過程中施加於農作的各種超量農藥；逕流也可能包含動物與人類的糞便。整體看來，農業逕流是目前全世界危害最大的污染源，在主要河川流入大海之處造成死區。雖然逕流問題一直都存在，但在洪水氾濫時問題更為嚴重。氣候學家預測並警告，在接下來的四十年中，洪水將可能變得更頻繁且更嚴重，許多從來沒有這種環境擾動的地方也將不可倖免。在從河川流入大海的途中，農業逕流已經破壞了許多河口。事實上，沒有其他物種像人類這樣對地球造成這麼大的干擾，甚至連恐龍都沒有。

　　未來將有另外30億人口來到世上，大多數將生活在開發程度較低的國家，據估計，如果要滿足這些新增人口的熱量需求，我們將需要另外挪出一個相當於巴西面積的土地（10億公頃），才能繼續用現在的方式生產足夠的糧食，但地球根本已經生不出這麼大的可耕土地。如果現在人們正面臨饑荒（事實上確實如此），這完全是因為分配不均及卑鄙的政治手段，而不是作物真的歉收。主要的原

因是我們已經學會如何加速每一根蘿蔔、玉米穗、生菜
頭、草莓以及土地上一切作物的生長，這些植物若沒有人
類的幫忙是不會長成這樣的。

蛙鳴

　　過量使用及濫用農藥，除了扼殺了全球大多數貝類及
甲殼類動物的孵育環境，也導致其他區域的生態嚴重受破
壞。以下舉兩個例子加以說明，但其實相關案例比比皆
是。在明尼蘇達州北部的眾多濕地中，科學家注意並正密
切追蹤一個不尋常的現象，過去至少十年以來，愈來愈多
的蛙類群體，大多數是豹蛙（Rana pipiens），出現了過多
的雙性蛙，自然情況下通常很少發生這種狀況。根據美國
加州大學柏克萊分校的泰倫・海斯博士（Tyrone Hayes）
及許多蛙類研究者的紀錄，發生這種畸形的原因，可能是
某些能干擾青蛙發育的化學物質。最後，只找出一種肇禍
的毒素：莠去津（atrazine），一種常用的除草劑，它是一
種抗真菌劑，廣泛用於控制作物的真菌感染，主要是小麥
鏽病。逕流流入濕地，特別是美國中西部，對蛙類及闊嘴
黑鱸的發育造成嚴重的負面影響，使大量蛙類及鱸魚變成
雙性體（即同時具有雄性及雌性性器官的動物）。莠去津
的其他影響包括抑制免疫系統，讓青蛙及其他兩棲類動物

如蠑螈，非常容易得到由吸蟲類寄生蟲引起的傳染疾病。歐盟已經在2006年4月禁用莠去津。在撰寫本書時，美國還沒有跟進。

　　莠去津的問題敲響了警鐘，它是一個沒有對農藥藥性進行充分研究或剛好忽略的無心之過。在加州進行的一系列相關研究顯示，在集約化農地的池塘中，四肢畸形或長出超過四隻腳的豹蛙數量非常多。他們研究可能的原因，並進行完整的毒理學篩檢，發現了一種特別的吸蟲：扁蟲（Ribeiroia），是眾多可能原因中唯一的共同特徵。研究人員進一步確認，蛙類的易感染性之所以增加，是因為先前接觸了莠去津，因而對免疫系統造成負面的影響。這種除草劑廣泛用於全加州各地的多種農作物耕種，實驗室的研究證明，這種寄生蟲會造成蛙類腿部畸形，且作用與劑量效應相關。有趣的是，在中西部同樣受影響的青蛙並未找出這種會影響加州蛙類的寄生蟲，顯然還需要更進一步的研究。

　　上述的研究結果讓人想起瑞秋‧卡森（Rachel Carson）在1960年代發現DDT是罪魁禍首時，率先發起的戰鬥號令。卡森在她的著作《寂靜的春天》（Silent Spring）對農藥產業的責罵，並不全然譴責大量生產DDT的人，她主要申斥的是那些把這種強大化學藥品用在非原定用途的人。今天，我們發現自己兜了一圈，又災難性地迎面碰上同一個產業。我們什麼時候才能學會善用上天賜予我們的

智慧，在每一種農藥大量施用在田地之前，用專注的態度
充分測試，以保護大自然珍貴的生命？顯然，人類對製藥
產業立下嚴苛標準，新的化學藥物平均得花十年時間才能
商業化，保護了自己免受農藥濫用之害，然而地球卻成了
天竺鼠，來測試新農藥的危害。

負面的已經說得夠多了，或許該就此打住，回過頭來
反思我們的所作所為，為了能預期糧食供應而無視於付出
的生態代價。這些方法已經讓全球人口在2009年6月成長
到67億多，我們應該能夠集體重新思考，該如何才能擺
脫這個困境，並讓人類能與土地更和諧地共生。

富足者

當今所有已開發國家的農業都是靠技術來驅動，新的
農業設備、新的種植策略、用全球定位系統進行微作物
（microcrop）的選擇，以及其他的高科技方法，延長大部
分土壤的生命，甚至遠超出其自然的生產能力，而無視於
作物的問題。來自世界各農業研究機構的研究成果，扭轉
了過去農業非成即敗的狀態，把應該種什麼、在哪裡種
植，都變成可以預測的作物生產科學。農藥產業迅速擷取
新的發現，將之商品化，不僅幫助了農民，也鞏固了他們
自身的利潤。

農業產業欣欣向榮，化學肥料、除草劑及殺蟲劑的生產線，已經成為業者的主要收入來源。沒有人能否認，這些產品對於引領第二次綠色革命具有極大的貢獻，每一年，幾乎每一種作物的單位面積產量都提高，且在許多地區，這種成長很可能還會持續好幾年。這並不是說目前並沒有潛在的問題，甚至那些農業產業受環境影響最小的幸運國家也不能高枕無憂。石化燃料也是一項影響因素，更高的產量來自新農耕機械用了更多的石化燃料。美國消耗的所有石化燃料中，20%以上使用於農業。食品的價格也與石化燃料的使用有關，2008年，全球糧食的價格幾乎比2000年高了一倍。

貧乏者

相反地，開發程度較低的國家情況又大不相同。到2009年為止，全球共有49個開發程度較低的國家，大多數位在非洲與中美洲的熱帶地區。開發程度較低的國家買不起商業化的化學肥料，不得不使用人類與動物的糞便，這正好是傳播腸道寄生蟲的最佳管道，全世界大約有30億人感染了土源性蠕蟲（藉由糞便污染的土壤而傳染的消化道寄生蟲），嚴重影響整個世代兒童的健康。除了少數東非國家擁有得天獨厚的火山灰沉積土壤之外，熱帶地區

的低度開發國家土壤大多貧瘠難以耕作。一般公認，絕大
多數的熱帶土壤頂多是淺層的土壤，不能在地下存儲大量
的碳；此外，由於這些地區終年降雨，落葉所儲存的營養
必須在幾天之內回收，不像溫帶森林可能需要一整年才能
回收落葉可再次利用的營養素；最後，熱帶土壤缺乏基本
的微量元素，因為充沛的雨量把它們濾出而流失了。在這
種狀況下，土壤沒有補充營養就不可能種植大量的糧食，
要不從糞便來補充營養，就是擷取為開墾農地而砍除焚燒
的樹木與灌木的灰燼，這種「火耕」農業，土地生產作物
的時間只有三年，之後農民必須舉家遷移到另一塊原始森
林，然後重複這個過程。這是熱帶地區森林遭砍伐的最主
要原因，遠高過第二名的黃金開採。這也是為什麼在熱帶
地區營養不良與飢餓司空見慣的原因，特別是在作物歉收
的時候。

　　歉收的原因有許多對溫帶氣候來說都不是問題，對撒
哈拉南部的非洲地區農民來說，其中最重要的因素之一是
蝗蟲入侵。這種貪婪的害蟲，從幾百英里外就可以聞到成
熟作物的味道，並在可以收穫之前找到作物。結果是，受
災人口不是挨餓、甚至餓死，就是得吃蝗蟲大餐。2003
年尼日就發生了蝗害，當地農民一整年的作物全都被害蟲
一掃而空。

　　總之，如果人類在這個星球上的壽命走到了終點，那
麼人類在整個演進歷史中創造了多少個億萬富翁、創作多

少精美的藝術品，都不會成為評價我們的項目。相反地，評判的標準應該是人類有沒有妥善照顧自己，以及人類所深切依賴的其他生命。人類的文化是基於資源平等共享，讓每個人都有足夠的飲水與食物，過著健康的生活？或者人類是一個鼓勵貪婪、為特定一群人或國家囤積資源卻犧牲別人的物種？我們必須先回答這個問題，才能從自然的破壞力轉變成懂得共生真諦的人。學習如何以不侵犯其他物種權益（如闊葉林）的方式來供應自己所需，包括生產糧食，將考驗我們能否參透這個問題並加以解決。我相信我們做得到。

Chapter 4

明日的農業

變化沒有什麼不好，只要它是朝著正確的方向。

——英國政治家邱吉爾

氣候快速變遷（Rapid Climate Change, RCC）是人類目前所面臨最重要的環境議題，在可預見的未來也仍然需要我們持續關注。這簡直等於重新安排陸地的景觀，而我們一直到最近才破解它的作用方式，這都要歸功於新一代衛星，專門設計用來測量海面溫度、雲的形成以及影響作物產量的乾旱（參見網址 earthobservatory.nasa.gov）。

氣候變遷影響地球上的所有生物，特別值得關注的是，氣候快速變遷將如何影響我們的農業能力。我們現在種植作物的地方，與將來種植作物的地方將大不相同，因為溫度與降雨的模式正在劇烈變動。溫室氣體已經讓這種氣候模式的變化更為加劇，不幸的是，縱使我們馬上停止使用石化燃料，地球大氣在未來一百年間還是會持續暖化，何況我們根本不可能停用石化燃料。燃燒石化燃料所產生的二氧化碳及氮氧化合物也顯著影響全球海洋，造成了環境酸化。如果這種趨勢繼續不變，海洋的甲殼類動物、軟體動物、珊瑚礁都將出問題，因為牠們的外殼與基質主要由碳酸鈣組成，若pH值低於8.0，碳酸鈣會無法形成。海洋的pH值目前是8.06，但二十五年前的pH值是8.16。

氣候變遷的「趨勢」，對於最能迅速適應的生命形式最為有利。研究人員過去認為，當植物被遷移到另一個新的舒適範圍時，將面臨最嚴重的挑戰，因為它們並沒有可見的移動方式。最近的證據卻似乎與這個信念背道而馳，

例如，樹木可藉由種子傳播機制（風、洪水、鳥類、昆蟲）而擴遷到非常遙遠的地方，且能在不同地方發芽，甚至有些變化迅速的環境也能完全符合它們的最適生態耐受性。不幸的是，農民必須與他們的耕地在一起，因此，當生長條件改變，對某個國家有利，卻對另一國家不利時，受影響最嚴重的，將是那些必須留在自己土地上的耕種者。因此若最適生長條件越過了國界，爆發衝突勢不可免。在許多地區已經因為缺水而爆發衝突，例如，2008年，美國東南部地區遭受二十五年來最嚴重的乾旱，佛羅里達州與阿拉巴馬州便控告喬治亞州霸占了從拉尼爾湖流出來的水。喬治亞州首府亞特蘭大市的飲用水來自這個湖，但位在水力發電廠大壩下的查塔胡奇河，會先通過佛羅里達州與阿拉巴馬州的部分地區，然後才入海。到底要釋放多少水量才能滿足下游地區的最低生活所需，這個爭議直到撰寫本文時，仍然在法庭上爭議未解。諷刺的是，次年9月，喬治亞經歷了嚴重的洪災，大量表土流失。或許喬治亞州也該控告阿拉巴馬州與佛羅里達州取用了喬治亞州流失的水與土壤。

到底多少才叫足夠，相當程度，是取決於擁有資源者，而不是缺乏資源的一方。許多人猜測，中東的下一場戰爭必然是為了水，而不是宗教或石油。現在，許多地方都有糧食短缺的問題，但如前所述，多半是因為糧食分配不均，而非缺乏糧食。當然也有例外；在2006年，人口

占全球人口1/4的印度，就不得不向加拿大及澳洲尋求協助，以購買小麥來滿足其國民最低需求。當年，印度的小麥產量銳減，因為旁遮普省發生一連串詭異的大雷雨，冰雹打落成熟麥穗的麥粒，令大部分的作物無法收成。同一年，在世界另一地區，稻瘟病（一種由真菌造成的毀滅性的水稻疾病，病原的孢子會隨風飄散傳布）在東南亞許多地區造成暫時性的糧食短缺，引發食物騷亂及囤積稻米的亂象。連美國也感受到這場農作災難的影響，連續好幾個星期，在大多數全國性的量販連鎖店，每名顧客每星期只能限購一袋五十磅重的稻米。這些事件是氣候變遷所造成，或者這只是隨機的天氣擾動？有一點是肯定的：如果這些事件成為常態，那麼我們別無選擇，只能把它們歸咎於氣候快速變遷。

藉由遺傳突變來適應氣候的變化，是大自然一貫的作法。在偶然的機緣下，某個剛好最適合某個特定環境變化的突變基因，從某個物種的許多基因之中雀屏中選，這是大自然避免因一連串突發的不利條件而造成滅絕的防衛之道。可以想像，在一連串相連的火山島，環境時時都在變化，這個因應機制所可能顯現的結果。事實上，就是這樣一個大自然的設計，引發達爾文在造訪加拉巴哥群島時產生了許多想法。達爾文追蹤不同嘴喙強度的雀鳥物種的分布情況，將牠們與其食物來源互相配對，包括各種植物不同硬度的堅果與種子。鳥喙的強度愈強，就愈有可能咬開

堅果與種子，作為食物來源。利用這種方式，雀鳥能夠演化成許多近親物種，在同一個島上生存，並減少彼此對食物的競爭。

利用這種方式產生近親物種的過程，稱為適應輻射（adaptive radiation）。特定的植物物種因偶然突變而產生較硬的種莢，鳥喙不夠強的雀鳥無法咬開它，因此不會過度採食，鳥喙較強的突變雀鳥可以善用這個食物來源而獨占優勢。如此，在加拉巴哥群島還只是個單一陸地時，所有的雀鳥物種便已從共同的祖先，也就是島上的原生雀鳥演化出來。加拉巴哥群島最古老的島嶼約有500萬年歷史，而最年輕的只有200萬年。達爾文的優勢在於，他在為期5週的停留過程中，親眼目睹了所有不同年代的群島，並提出正確的結論，認為大自然有能力利用他稱之為「天擇」的過程，來適應快速變化的環境。他所確定的是，大自然以一種較為平和的方式進行軍備競賽。如今，科學家採用最先進的分子生物學方法，證實了達爾文對於鳥喙與種子形態兩者關係的原始觀察，證明了只要一個基因突變，就能改變鳥喙的強度及種子的硬度；事實上，科學家甚至已經能夠找出這些雀鳥最原始的種源。確實，大自然實在太了不起、太壯觀了。

為什麼了解天擇的基本生物過程是很重要的？因為我們已經採取了不同的演化途徑，來生產我們所有的糧食作物：我們用人為選擇，而不是自然天擇。所有作物都與它

們的野生植物祖先已大不相同，我們的糧食作物是大約一萬年前開始，經由一代又一代的農夫揀選及呵護照顧，將這些作物量身打造成容易種植、可食用部位有最高產量等特性的作物。

玉米是個很好的例子，人類發現了大自然的某個意外突變，然後加以利用（詳見第2章）。原始玉米（學名 *Zea mays*）本來只是墨西哥中南部一種小小的、不起眼的禾本科植物，在偶然的機會下發生了突變，變種玉米具有較一般玉米大的玉米粒，不僅容易生長，而且營養價值明顯較高，因此在大約8,700年前，很快地便由巴爾薩斯谷地的原住民部落廣為採用。他們將這種玉米加以培育、照料，使它變成一種必須依賴灌溉才能生存的植物，更多的水，意味著這種古老的玉米能把較多的能量用在製造生殖結構（玉米粒）。時間久了，也許是幾百年的時間，玉米完全馴化。它是一種可持續儲存的食物，只要是有水可以灌溉的地方都能生長，因而迅速改變了南北美洲的地景。如果把美國中西部現在普遍種植的雜交玉米，重新引入約9,000年前玉米剛起源的環境中，任其自生自滅，它們肯定活不成。

顯而易見地，人類身為植物的消費者，所看重的植物性狀卻幾乎都不是那些幫助植物祖先抵禦乾旱、洪水、植物病蟲害及溫度巨幅變動等嚴峻環境變遷的能力。簡單地說，我們去除了植物的「野性」，提供有助於它們生長的

東西，把作物培育成需要人為灌溉、細心呵護、供應營養的單一栽培作物，或「品種」。如果環境發生了變化，超出特定品種能忍受的狹小限度，該作物肯定無法生長，這就好比把我們的寵物狗帶到樹林裡野放，希望牠們能自行求生一樣。今天，美國所有大規模農業所使用的種子，無論哪種作物，90%來自三家公司。這些都是高度馴化的作物，對溫度及降雨的容忍限度相當狹窄。全球有一半以上的耕地對大多數經濟作物來說都只算是次優的耕地，且將來只會變得更糟。整個熱帶地區因為土壤只有幾英寸厚、沒有辦法儲存營養物質，情況更是糟糕；而熱帶地區也是全球人口成長率最高的地區。

自古以來，大部分的作物（可能只有小麥例外）都是經過精心挑選，只能生長在一定範圍的氣候條件之下；因此，世界各個地區分別只生產某些著名的作物，而不是全部。必須再次強調的是，植物生長所仰賴的條件，大多與整年度的溫度及降雨模式有關。玉米、水稻、馬鈴薯以及各式各樣的蔬菜，如番茄、萵苣、結球白菜、葡萄等，都有一套它們本身最理想的生長條件。這就是為什麼大多數水稻都種植在潮濕的亞熱帶氣候，而馬鈴薯則適合種植在較冷、較嚴峻的環境下。

當某個作物的生長季節剛好遇上理想的條件，農民歡欣鼓舞，作物的產量往往達到該植物理論生產力的極限，作物大豐收，所有人敬拜農業之神的恩典。然而，當遇上

植物病蟲害、冰雹、嚴重洪水或長期乾旱時，所有收成可能全軍覆沒，遇到霜害或暴風雨，甚至可能毀於旦夕之間。通常，唯一的辦法就是將作物犁進土裡，次年重新開始。無論在地球的哪個地區，作物能連續好幾年都遇上理想的生長環境，是相當不尋常的事情，只要問一問釀酒師就知道，這是之所以有佳釀年份的原因；同一座葡萄園很少能連續兩年都生產優質葡萄酒，無論是哪個產區或哪個品種的葡萄。然而，大多數酒商都會設法賣出當年的產品，無論是否為佳釀，但價格比狀況最佳的年份低廉許多。大多數人都認同，要靠農業致富並不容易，更別說要在一個耕作條件貧瘠的地區勉強過活了。

環境農業學家預測，根據最近有關於氣候快速變遷的觀測資料來看，在許多現在尚稱風調雨順的地方，農作物歉收將變得比較頻繁；而在目前經常發生歉收的地區，未來將會成為常態，而非例外情況。不幸的是，在這種情況下，預先警告並不等於預先防範。我們根本沒有時間把在日益惡劣的環境中生存所需的性狀，培育到我們的經濟作物品種裡，雖然我們認為人類已經知道怎樣在實驗室中進行。改造植物基因，讓它能抗旱、抵禦新的植物病蟲害，需要時間及大量資金，更不用說還要考慮社會大眾對基因改造作物的接受度。環境變遷是全球性的，它的速度太快，很難期望這些迥然不同的領域能在未來二十五年內有長足進展。

2006年出版的《史登報告：氣候變遷對於經濟的影響》（*The Stern Review on the Economics of Climate Change*）更進一步預測，未來三十年內，氣候快速變遷會讓世界各國政府付出約74兆美元的代價。與海平面上升、重大農損、病媒傳播疾病如瘧疾及西尼羅河病毒的增加等相關的損失，以及因這些災難事件而增加的醫療照顧相關費用，會耗去聯邦政府預算的大部分，如此將沒有太多經費能夠留作社會創新之用，遑論重要的新藥物、疫苗與其他救命技術的研發。

由於氣候模式的變動愈來愈劇烈，世界各地的農業面臨產量降低的問題，難怪乎，在多數已開發國家，農業保險已經成為國家預算的額外負擔。供應糧食給國民，是一項攸關眾人利益的必要工作，因此就算今年農作物嚴重歉收，明年還是得繼續耕種。補助收入是讓這個過程能持續推動的必要方法，例如，2008年美國國會通過了經費需求高達2,880億美元的「糧食、保育及能源法案」（Food, Conservation, and Energy Act）。這個2003年「農業法案」（Farm Bill）的增強版，包括一部分標記為農業保險的保健經費，以及補貼鼓勵在國內種植作物，而不是在國外生產類似農作物。剩餘資金的大部分，則安排用來支付美國農民，去幫助面臨農業問題的國家種植糧食作物。對於2008年的法案，國會內部很少有不同的意見，因為每個州都能受益；另一方面，聯合國世界銀行、世界貿易組織

及其他國際治理機構曾多次批評美國及其他已開發國家，因為這些國家所創造的經濟狀況，遏止了公平的農產品交易，特別是來自開發程度較低國家的農產品。這種短視的經濟策略，在保護本國農民免於外來的競爭、保證讓他們得到可預期之收入的同時，也使那些處於劣勢的國家無法在經濟上晉升開發國家之列。我們需要妥當解決這個問題，才能真正實現全球一家的終極理想。

然而，即使是農業技術最先進的國家，過去五年來也經歷過嚴重的旱災及水災，這讓眾人意識到，我們必須制定更好的糧食保障及安全策略。全世界爆發由微生物引起的食源性傳染病，如沙門氏菌、環孢子蟲、O157: H7型大腸桿菌等，頻率愈來愈高，已經令人產生迫切的危機感，覺得需要重組及整合替代的技術，來發展既安全又可在當地生產的糧食，如此才能更容易掌控糧食的安全。

美國在2009年召回所有花生製品，這是該國有史以來最大規模且最昂貴的食物製品召回事件，受O157: H7型大腸桿菌污染的絞肉召回事件也沒這麼浩大。農業的未來，至少以目前室外種植的作業方式來看，似乎將面臨一場硬仗。有三個例子可以說明，如果繼續維持現狀，我們的所作所為，在未來二十五至五十年內會為我們的子孫帶來多麼嚴重的問題。

約翰・史坦貝克如果活得夠久，將驚訝地發現，從塵盆地區向西部遷移，甚至還創造了另一個與勞工運動或移

民農工的公民權完全無關、但卻更棘手的農業難題。在1950年代，許多農場合作社組織所採取的農業策略，最後結果卻是無可彌補地糟蹋了整個「黃金州」──加州，大規模的農場盤據了加州中央谷地，相當於一個中等城市規模、從墨西哥移民而來的工人也加入這個場景，當地作物開始出現在世界各地的超市貨架上。中央谷地被稱為新伊甸園，生產各種作物：堅果、柑橘類水果、蔬菜以及新鮮的葡萄。專門從事加值農產品生產的企業，如番茄醬、番茄糊與罐裝水果，也都在加州落地生根，杭特、德蒙、亨氏、都樂、聖美多以及其他大型食品生產商都大發利市，再加上乳品工業，農業爆炸成長為每年650億美元產值的產業，重要集散地薩利納斯（Salinas）已成為非官方的首都。這些農業種植全都需要大量的水，但每一年來自加州馬德雷山（Sierra Madres）的春季融雪是不夠用的，於是加州的農業公司請願加州政府購買科羅拉多河的水權，他們如願以償了。在1980年代，洛磯山脈的積雪平均每年約為二十英尺，而科羅拉多州從來不曾使用超出配額的量，因此願意簽字放棄二十年的水權（當然，這是要錢的）。利用這個情勢，大規模的灌溉計畫很快便建構完成了。不久後，加州的水量變得充裕，水價低廉。許多作物，包括杏仁，都採用淹灌（flood irrigation）方式來灌溉，不僅易於實施也非常經濟。

中央谷地是美國最熱、最乾燥的地區之一，夏季日均

溫近43°C，這裡的生態景觀大部分是混合草原，全被高山所圍繞，因此環境又乾又熱。如果沒有大刀闊斧的水力發電計畫來助上一臂之力，這裡大概是北美最不可能發展農業的地方。除了需要額外的水之外，幾乎所有加州的主要作物都需要大量的肥料，因為當地土壤屬於養分貧瘠的類型，較適合半沙漠植物。當作物生產成為常規之後，昆蟲與雜草等不速之客也跟著來了，促使農民大量應用新一代的殺蟲劑與除草劑。年復一年，經過1960年代、1970年代以及1980年代，加州的農業公司吹噓其人均收入達到全球最高，任何農產集團都比不上，因此吸引更多農業落腳中央谷地。

直到有一天，有趣的事情發生了，但其實，沒有人笑得出來。從飽和含水層湧上來的地下水開始形成水塘，在300英里長的谷地形成許多像濕地般的人為生態環境。候鳥開始利用這些新發現的水體，沿著水岸築巢，但事情卻出乎意料，各種鳥類很快開始大量死亡。檢測後顯示，許多池塘都被高濃度的硒及其他重金屬所污染，這些重金屬是肥料中的微量成分，幾乎所有大型農場都不分青紅皂白地隨意使用這些肥料。當中的殺蟲劑濃度也很高，最令人不安的是水中的高鹽量。有毒的地下水已經延伸到基岩之下，現在正朝著地表向上，每年的淹灌讓它愈來愈接近杏仁與柑橘樹的主根。

一項在2005年發表於《美國國家科學院院刊》

（*Proceeding of the National Academy of Sciences*）的研究，依據現在的狀況，針對未來二十五至五十年的發展做了詳細的預測，結果當然是令人沮喪的。根據這項研究，中央谷地大部分的農業歉收，必然是因為地下水的含鹽量過高，除非能有其他的灌溉方法不造成逕流積聚在含水層中。但如果加州的水用完了，很可能無法找到這樣的方法，而加州的水可能在未來二十五至五十年內用完。美國能源部長，諾貝爾經濟學獎得主朱棣文（Steven Chu）在2009年新上任的三個星期後便斬釘截鐵地表示，加州的農業部門將因為缺乏無污染的乾淨淡水，而在五十年之內走入歷史：「我不認為美國大眾清楚了解未來可能發生的情況，我們正在推衍腳本，如果加州不再有農業會是什麼情況。」美國公共電視台的比爾・莫耶斯（Bill Moyers）在1993年為《前線》（*Frontline*）節目製作了一個標題為「在孩子的食物裡」（In Our Children's Food）的報導，記錄了在全球生產力最高的農業地區的富饒表象之下，正在醞釀的環境災難。如果中央谷地淪陷了，全世界的消費者將感受到經濟衝擊，因為食品價格肯定上漲，甚至高於依據燃料價格所預測的價格。

位在中國上海長江出海口的崇明島，每年以大約150公尺的速度「成長」，這或許好像並不多，但只要想一想，它的寬度大約64公里，是中國第二大島，就會感受到事態並不尋常；事實上，確實有問題。由於氣候快速變

遷，引發每年的洪水氾濫，來自中國華中地區的寶貴表土、耕地質量，正被長江的浩瀚江水帶往南海的邊緣地帶。為了開發更多耕地而大肆砍伐森林，已使華中地區變得更脆弱，甚至難以耐受溫和的沖積侵蝕，但在過去十年間，千年少見的大規模洪水改變了中國的耕種方式，既使是三峽大壩工程也無法挽回那段時間失去的土壤。7世紀時，崇明島不過只有幾個沙洲寬，並沒有受到太大的關注；爾後，隨著人口增長及農業起飛，崇明島開始形成，在幾百年之間，崇明島變大了，與著名的萬里長城一樣，從外太空也看得見。如果你最近在崇明島的岸邊買了地，想要建造一個有海景的房子，你可能必須三思：只要三年，你的南海別墅很快就會被生長在你眼前新堆積的土地上的茂密森林所圍繞。也許我們將不得不修改威爾‧羅傑斯（Will Rogers）對房地產投資的預言，這個島現在已經夠大，甚至於有一個大約50萬人口規模、名為東灘的都市計畫正在構想，目的是展示如何以一種碳中和的方式維持永續的生活。諷刺的是，這項計畫卻因為來自上海國際投資公司的資金「無法持續」而取消。

隨著富饒的農村逐漸淪陷消失、步入夕陽，或許中國未來可以在城市環境裡呈顯出更好、更有效率的農業。2007年，我有幸參加一場在北京舉行的研討會，來自荷蘭及中國的代表齊聚討論將農業帶入都市，會議名稱為「創新的都市農業」。如果毅力以及需要是創新的動力，

那麼中國將能夠輕易勝出，因為到目前為止，中國在其豐富而悠久的歷史之中，已經克服了許多其他的挑戰。

第三個也是最後一個例子，則有點比較不樂觀，呈現厄運即將到來的不祥預兆。成立於1971年的孟加拉國，平均海拔高度只有1.5公尺，人口大約1億5,400萬，面積只有133,910平方公里，大約相當於美國德州的一半大小，是全球人口最稠密的地區之一。孟加拉國接收所有從恒河及布拉馬普特拉河水域所流下來的水，兩條河川匯流之後，通過廣大、複雜的河口三角洲，進入印度洋。洪水是該國習以為常的生態遺產之一，2008年的季風特別強盛，沖走了可供應大約200萬人糧食的表土。這一年，孟加拉國另外的200萬人民分享了他們微薄的存糧，給這些不幸的人。2008年的洪水只是單一事件，卻永遠地重新安排了該國的農業地景，讓該國的農業系統承受更大的壓力。孟加拉國的鄰國印度也不能倖免於這些事件，印度半島的卡納塔卡（Karnataka）在2009年10月經歷了超大洪水，摧毀了大片農田，造成數以千計的牲畜與數百名無辜人民的死亡。

隨著氣候快速變遷對土地造成愈來愈嚴重的衝擊，顯然地，未來的農業將變得愈來愈脆弱，農業相關的工作將愈來愈沒有吸引力。例如，1930年代在美國大約有600萬人認為自己是農民（這個統計數字也包括他們的直系家屬），到了2009年，只有不到15萬人把農業當成主業。

同時，都市化還將繼續吸引那些住在郊區與農村地區的居民。人們之所以遷移到城市，最重要的原因都與農業式微有關，且舉世皆然。今天，「農民」甚至不被單獨列為美國全國人口普查表格裡面的一項職業項目，因為目前的農業人口實在太少了。

　　隨著農民的人數銳減，以及農場經營的產業化，使得農場的平均規模變大，這些集團本身也發生了一連串的問題，其中之一是食品檢驗的費用。例如，產業試圖減少衛生措施的相關開銷，已導致各種食源性疾病的大規模爆發。公眾已不再相信這些大型農業會把消費者的利益放在心上，對大規模生產的食品已經產生了深切的不信任。如果目前的全球經濟衰退繼續惡化，這些已經面臨破產邊緣的公司就愈想要盡可能降低成本。

　　食品安全的問題已變得如此急迫，攀升成為消費者最關切的食物供應問題中的第一名。由於出現了這樣的危機，全美國許多都市及其他地區的倡議團體，都開始尋求沒有殺蟲劑及除草劑等農藥的農產品。在新聞人邁克・波倫（Michael Pollan）以及名廚艾莉絲・瓦特斯（Alice Waters）等知名人士的倡議下，「有機種植」已經成為新一代中產階級「饕客」消費者的口號。許多食品零售商，特別是全食超市（Whole Foods），紛紛開始迎戰這個挑戰，竭盡全力確保能夠穩定供應有機農產品，不斷努力滿足人們對這種雖然很貴但感覺很健康的食品的需求。奧勒

岡州的波特蘭有自己的本地食品超市連鎖店，新季節超市（New Seasons Market）。新季節超市仿照全食超市的模式，在2000年上市，成為一個在單一店面能同時供應有機農產品及在地農產品的超市。2009年夏天，它在波特蘭的第九家店面開張了，但這一次是在一個都市的「食物沙漠」[註1]之中（很難想像這樣的事情會發生在這個有食品意識的城市），靠著價格合理的新鮮農產品擄獲了內城的市場，在開賣當下，貨架立刻被掃空。過去十年來，一股支持在地農業的消費風潮已然興起，由慢食運動帶頭開始。城市地景已經成為新的農業疆域，屋頂菜園興起，餐廳自行種植所需的香草及香料，城市居民組成聯盟生產各類農產品。城市農業已在許多地方興起，如美國的波特蘭、舊金山、紐約、芝加哥，以及加拿大的溫哥華。如果這種趨勢能夠繼續下去，那麼，正如中國一樣，未來的農業革命很可能是以城市為基礎的農業。但無論原因為何，我們顯然需要完全不同的東西，才能允許在當地大規模種植糧食作物，特別是在都市地景之中，因為氣候快速變遷已經發展到一個似乎不可避免將造成環境危機的地步。

　　如果農業一如我們所預測的，會在氣候變遷的衝擊下瓦解，農藥產業的命運將會是怎樣呢？生產以硝酸銨為基

註1：「食物沙漠」（food desert），指很難以合理價格買到健康、新鮮食品的社區或地區。

礎的化肥、除草劑及殺蟲劑，一直都是陶氏化學、嘉吉公司、阿徹丹尼爾斯米德蘭（Archer Daniels Midland）、孟山都（Monsanto）、馬賽克公司（Mosaic Company）、鉀肥公司（PotashCorp）及加陽公司（Agrium）等企業的主要命脈，除草劑又是三大農藥廠商拓展最廣泛的業務。由美國環境保護署（EPA）及奧勒岡州立大學共同贊助的全國農藥訊息中心，列出截至2009年夏天為止至少生產一種主要農藥的公司名單，為數不下443家，難怪規範農藥的使用會這麼困難。環保人士一再遊說要更嚴格控管農藥的使用，成果卻相當有限。瑞秋・卡森若還活著，仍然會因目前市場上多數農藥欠缺良好使用規範而感到震怒。

在實驗室裡改造商業作物，是農產品相關行業的另一個新投資，它已經讓一些作物，如玉米，變成高利潤的金雞母。這種一般稱為基因改造作物（GMOs）的農產品受到相當大的批評，因為一般大眾的觀念認為，基因改造作物具有潛在的危害，不應該被批准。事實上，作物已經被改造能夠抵禦乾旱、各種植物病原的攻擊以及高劑量的除草劑。然而，作物的工業化還是讓全球許多倡議團體感到震驚，引發他們反對所有商業生產農產品的基因研究。有趣的是，這些倡議團體並不強烈反對引進能快速生長、耐受洪水的「超級」稻米，這是經過菲律賓國際水稻研究所（International Rice Research Institute）的斯瓦米納坦（Monkombu Sambasivan Swaminathan）在實驗室改造過的

稻米，由於他的創新研發，今天，全球有半數以上的人口能享有更好的生活。儘管有這種好處多多的研究成果，基因改造作物還是無法與大自然及氣候快速變遷抗衡。同樣地，在未來的二十至四十年裡，就算我們用最保守的預測方式來考量氣候變遷對作物收成的影響，在產量不斷降低的土地上使用愈來愈多的農藥，也無法解決未來還要多養活三十億人口的問題。我們需要一個充分考慮到地球上所有的生命形式、符合生態的解決辦法。

城市能不能生產自身所需的食品及回收自身所產生的大部分垃圾？我相信答案是肯定的，事實上，我也知道答案確實是肯定的。有許多可以在室內種植各類農產品的新方式，這些都能讓在都市裡生產糧食的計畫成真。這就是所謂的可控室內環境農業。全球各地有許多地方已經設有高科技的溫室，特別是在紐西蘭、荷蘭、德國、英國、澳洲、加拿大及美國。過去十年來，水耕、氣霧耕以及滴灌（drip irrigation）方法已經有了大幅改進，讓我們得以革新種植方式，可在室內生產想要的作物。位於美國亞利桑那州、英國以及荷蘭大規模商業化的室內設施已被證明「錢」途無量，唯一缺少的因子，是都市化的概念。要將它們帶進市區裡，只需要重新把水平排列的溫室互相堆疊起來以節省空間，可以充分利用廢棄的都市空間。此外，也可以建構不同高度的垂直農場，以滿足餐館、學校餐廳、醫院及公寓大樓的不同需求。當然，也可以有一些獨

立的垂直農場，用來大規模生產重要的作物，例如水稻、小麥、玉米及其他穀類，甚至用來生產生質柴油的作物。這些垂直農場可以建造在都市外圍的郊區，因為這些地區的土地可能比較容易取得，而且可能比較便宜。總而言之，在特別建造、專門用來種植農作物的建築物裡，不使用傳統土耕技術來生產我們所需的食物，這種都市農業將會是未來農業的基礎。

在過去十年間，都市的固體廢棄物管理也有了長足的進步。今天，現代的垃圾焚化策略，包括電漿弧氣化法（plasma arc gasification），已經廣受歐洲許多國家所採用，用來處理大多數類型的垃圾，德國運用焚化技術，達到無害處理固體及液體廢棄物，已經居於世界的領導者地位。幾近無污染的城市固體廢物焚化技術，已完全不需要掩埋垃圾，且同時能通過蒸汽發電，來產生大量的能量。來自黑水的灰水及污泥也可以用這種方式處理，讓所有城市能獲得廢水回收利用的好處，同時利用固體垃圾產生的能源。把目前這些應用策略加以組合之後，將能讓未來城市更像一個完整的、有功能的生態系統：具有生物生產力，而且無垃圾。本書後續章節將以明日的都市環境為重點，仔細說明這個計畫。

Chapter 5

垂直農場的優點

我們必須為想要的願景而改變。

——印度聖雄甘地

水耕堆垛

水耕堆垛裝置是種巧妙的設計，在節省樓板面積之際，還可種植包括草莓在內的多種水耕作物。水耕堆垛裝置革新了溫室產業，且讓大片土地休養生息，回歸自然。曾經，一位佛羅里達州的農夫在其農場遭受安德魯颶風摧毀之後，重新投資建造了一座溫室，利用水耕堆垛裝置種植草莓，光用 1 英畝大的溫室，就能取代大約 30 英畝的戶外農地。類似的點子能徹底改變我們對農業的想法，以及思考有利於生態復育的土地使用方式。

Courtesy of Jung Min Nam / JN_Studio, Thesis Project at GSD Harvard University, 2009 / Advisor: Prof. Ingeborg Rocker

水耕種植系統

水耕系統是讓植物在富含各種礦物質的營養液中生長，運用了營養液薄膜技術（NFT），使作物達到最佳產量及生產品質，特別適合室內環境。在全球大多數地區，水耕已經是相當進步而成熟的商業生產技術。它可能是最適合用在都市的蔬菜種植技術，特別是在建築物裡，它能創造極高的產量，卻只有相當少的農業足跡。

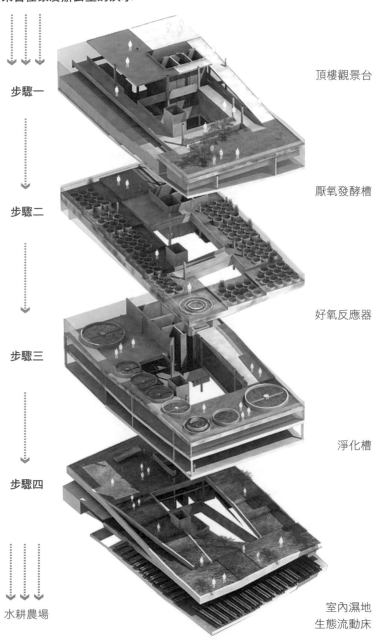

來自住家及辦公室的灰水

步驟一   頂樓觀景台

步驟二   厭氧發酵槽

步驟三   好氧反應器

步驟四   淨化槽

水耕農場   室內濕地
生態流動床

Courtesy of Jung Min Nam / JN_Studio, Thesis Project at GSD Harvard University, 2009 / Advisor: Prof. Ingeborg Rocker

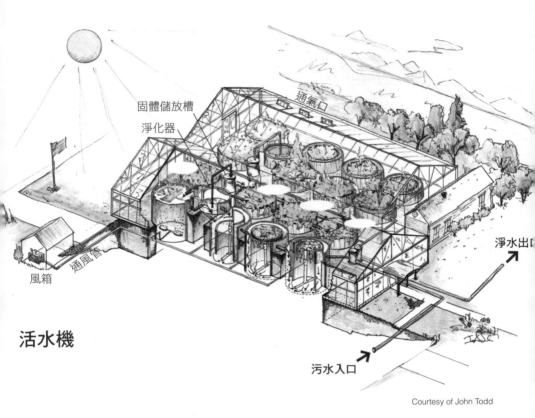

固體儲放槽
淨化器
通氣口
淨水出口
通風管
風箱
污水入口

活水機

Courtesy of John Todd

整治黑水的「活水機」

陶德（John Todd）是最先提出以植物作為活水機，來幫忙整治遭破壞水域環境的第一人。他在 1960 年代積極找出許多能夠從受害湖泊、濕地及河口中除去有毒物質（重金屬、殺蟲劑、除草劑、化學肥料）的植物種類。許多他原本的發現現在都已經成功作為商業應用，且仍沿用至今。其中最耀眼的一個案例，就是在美國佛蒙特州的小鎮白河口（White River Junction），利用植物將黑水（人類糞尿）變成可用來沖洗馬桶的水。這套系統的運作相當令人讚嘆，是個極佳的例子，證明藉助植物淨化水質，讓我們與自然和平共處，確實是種既簡單又有效率的方法。

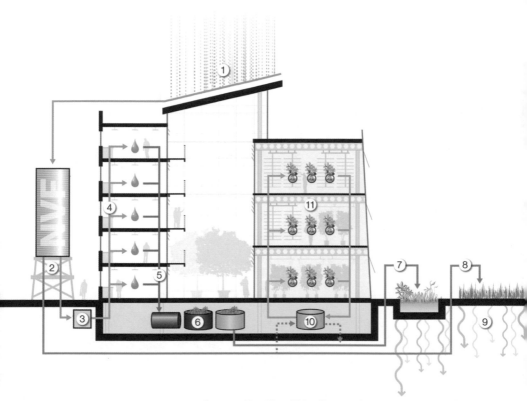

Courtesy of Dan Albert / Weber Thompson (www.weberthompson.com)

淨水系統

1. 雨水收集
2. 貯水槽
3. 淨化
4. 適於飲用的水
5. 灰／黑水
6. 廢棄物處理

7. 排放至濕地系統
8. 雨水提供都市農場使用
9. 就地過濾
10. 養分供應耕作系統
11. 水耕、氣霧耕設施

水耕種植系統

典型的水耕溫室通常使用價格低廉的聚氯乙烯（PVC）塑膠管來支撐植物，以輸送養分＊。現代化水耕設施所使用的系統，正式名稱為營養液薄膜技術，是讓淺淺的一層帶著養分的水流過作物的根系。水耕法的用水量，比傳統戶外的土壤耕種節省大約70%；此外，利用水耕法不會產生任何農業逕流問題，在室內栽種還可以利用除濕方式完全回收植物蒸散的水分。基於這些優點，水耕法能適用在各種水分及日照不足的情況，不必考慮戶外土壤的特性或天氣模式。水耕產業目前正快速發展，無論是成功經營的農場數量，還是室內商業生產的作物種類多樣化，都是如此。

＊使用輕質塑膠材質的潛在缺點，是它在水中時會濾出鄰苯二甲酸鹽（可能的致癌物質），對食用這類產品的消費者有潛在的健康風險。預防方法很簡單：在建置水耕系統之前，將PVC塑膠管線交叉連結，浸於硫化物中，讓鄰苯二甲酸鹽鍵結在其中，不再濾出。

氣霧耕系統

氣霧耕是讓帶有養分的水以微細水霧的形式噴在特定作物的根系上，上圖的例子為菠菜。作物的根部被包在腔室裡，維持於最高濕度下。氣霧耕是史東納（Richard Stoner）在服務於美國NASA期間所發明，它的用水量又比水耕法節省70%，因此相當適合於室內農業，尤其是在水資源非常短缺的地區。幾乎所有植物都能用氣霧耕方式種植。

元素週期表

1	2	3	4	5	6	7	8	9	10	11	12	13	14	15	16	17	18
1 **H** Hydrogen 1.00794																	2 **He** Helium 4.003
3 **Li** Lithium 6.941	4 **Be** Beryllium 9.012182											5 **B** Boron 10.811	6 **C** Carbon 12.0107	7 **N** Nitrogen 14.00674	8 **O** Oxygen 15.9994	9 **F** Fluorine 18.9984032	10 **Ne** Neon 20.1797
11 **Na** Sodium 22.989770	12 **Mg** Magnesium 24.3050											13 **Al** Aluminum 26.981538	14 **Si** Silicon 28.0855	15 **P** Phosphorus 30.973761	16 **S** Sulfur 32.066	17 **Cl** Chlorine 35.4527	18 **Ar** Argon 39.948
19 **K** Potassium 39.0983	20 **Ca** Calcium 40.078	21 **Sc** Scandium 44.955910	22 **Ti** Titanium 47.867	23 **V** Vanadium 50.9415	24 **Cr** Chromium 51.9961	25 **Mn** Manganese 54.938049	26 **Fe** Iron 55.845	27 **Co** Cobalt 58.933200	28 **Ni** Nickel 58.6934	29 **Cu** Copper 63.546	30 **Zn** Zinc 65.39	31 **Ga** Gallium 69.723	32 **Ge** Germanium 72.61	33 **As** Arsenic 74.92160	34 **Se** Selenium 78.96	35 **Br** Bromine 79.904	36 **Kr** Krypton 83.80
37 **Rb** Rubidium 85.4678	38 **Sr** Strontium 87.62	39 **Y** Yttrium 88.90585	40 **Zr** Zirconium 91.224	41 **Nb** Niobium 92.90638	42 **Mo** Molybdenum 95.94	43 **Tc** Technetium (98)	44 **Ru** Ruthenium 101.07	45 **Rh** Rhodium 102.90550	46 **Pd** Palladium 106.42	47 **Ag** Silver 107.8682	48 **Cd** Cadmium 112.411	49 **In** Indium 114.818	50 **Sn** Tin 118.710	51 **Sb** Antimony 121.760	52 **Te** Tellurium 127.60	53 **I** Iodine 126.90447	54 **Xe** Xenon 131.29
55 **Cs** Cesium 132.90545	56 **Ba** Barium 137.327	57 **La** Lanthanum 138.9055	72 **Hf** Hafnium 178.49	73 **Ta** Tantalum 180.9479	74 **W** Tungsten 183.84	75 **Re** Rhenium 186.207	76 **Os** Osmium 190.23	77 **Ir** Iridium 192.217	78 **Pt** Platinum 195.078	79 **Au** Gold 196.96655	80 **Hg** Mercury 200.59	81 **Tl** Thallium 204.3833	82 **Pb** Lead 207.2	83 **Bi** Bismuth 208.98038	84 **Po** Polonium (209)	85 **At** Astatine (210)	86 **Rn** Radon (222)
87 **Fr** Francium (223)	88 **Ra** Radium (226)	89 **Ac** Actinium (227)	104 **Rf** Rutherfordium (261)	105 **Db** Dubnium (262)	106 **Sg** Seaborgium (263)	107 **Bh** Bohrium (262)	108 **Hs** Hassium (265)	109 **Mt** Meitnerium (266)	110 (269)	111 (272)	112 (277)	113	114				

58 **Ce** Cerium 140.116	59 **Pr** Praseodymium 140.90765	60 **Nd** Neodymium 144.24	61 **Pm** Promethium (145)	62 **Sm** Samarium 150.36	63 **Eu** Europium 151.964	64 **Gd** Gadolinium 157.25	65 **Tb** Terbium 158.92534	66 **Dy** Dysprosium 162.50	67 **Ho** Holmium 164.93032	68 **Er** Erbium 167.26	69 **Tm** Thulium 168.93421	70 **Yb** Ytterbium 173.04	71 **Lu** Lutetium 174.967
90 **Th** Thorium 232.0381	91 **Pa** Protactinium 231.03588	92 **U** Uranium 238.0289	93 **Np** Neptunium (237)	94 **Pu** Plutonium (244)	95 **Am** Americium (243)	96 **Cm** Curium (247)	97 **Bk** Berkelium (247)	98 **Cf** Californium (251)	99 **Es** Einsteinium (252)	100 **Fm** Fermium (257)	101 **Md** Mendelevium (258)	102 **No** Nobelium (259)	103 **Lr** Lawrencium (262)

橘色代表只有人類需要的元素

綠色代表植物與動物（包括人類）都需要的元素

人類邁入農業社會的過程，以及農業對自然世界持續的破壞力量，這段史詩般的旅程提供了充分且令人信服的證據，顯示傳統農業其實並不成功，或許根本沒有成功過，只是看起來好像很成功。誠然，用一萬二千年的時間來論定農業的成或敗，是十分漫長的時間，但這種情況已發生在土耕農業上。我所說的失敗，指的是如果沒有灌溉及大量的外力幫助（例如農藥、現代的農業機械），農業是不可能無限期這樣繼續下去，這根本就不是個生態的選擇。以高產量的生殖結構，而不是獨力生存的能力作為選育標準，育成的各種馴化作物，結果必然會對土壤造成相當大的耗損，甚至連營養豐富的火山沉積土也不例外。對比之下，在自然環境中，只長有單一植物非常罕見，例外的情形，主要是一些單一林相的森林以及廣袤的高草原。但就算是在這類的例子裡，仍然有許多其他種類的植物、脊椎動物，以及無數生存在土壤中的無脊椎動物與微生物。

生物多樣性是指各種植物與動物資源的完整組合，它也意味著當中的養分循環相當活躍。因此，耕地上的競爭者，如果放任不管，產量將大大降低。商業種植的農地，無論種植者宣稱多麼「講求生態」，都絕對不允許有其他鄰近的野生動物前來共享資源。因此，農藥的唯一目的就是減少、甚至最好能夠完全消除這些競爭者，將有害的昆蟲及雜草殺死，以呵護選育出來的作物。此外，還要注意的是，這種雙管齊下的化學性策略實施五十多年以來，已

經有許多雜草逐漸對除草劑產生抗性，而害蟲也幾乎已經能完全抵抗各種殺蟲劑。無論我們在實驗室的研發有多麼高明，自然天擇的作用仍然存在。

同時，我們的農業地景已經超出了土地的極限，人口也即將成長到幾乎無法回頭的極限，能夠耕種的土地所剩無幾，但卻還有許多嗷嗷待哺的人口，以及未來還將增加的三十億人。我們沒有別的選擇，只能承認土耕農業並非長久之計，因為它不足以滿足全球人口的熱量需求。環境科學家預測，如果情況不改變，由於使用太多短視的技術及缺乏長期的生態規劃，對土壤造成沉重的負擔，土耕農業將很快面臨崩毀；而我們就有如鴕鳥般把頭埋進沙子裡，寄望這即將發生的危機可能以某種方式突然消失。所以我們繼續砍伐森林，把更多土地用來耕種，為了灌溉而用盡更多珍貴的淡水，把更強力且毒害更強的農藥灑在幾近毫無生機的土地上。在許多開發程度較低的國家，由於商業肥料所費不貲，農民往往以糞便作為肥料，因而也助長了許多胃腸道寄生蟲的擴散與感染。為了讓人們了解這種全球性的公共衛生問題到底有多嚴重，一項最近的臨床研究指出，通常很容易出現在同一個身體上的四種不同的寄生蟲感染，能讓已經感染愛滋病毒、瘧疾或結核病的人健康狀況更形惡化：「因此，人類若想要成功防治愛滋病、結核病及瘧疾，可能還需要同時對付這些常被忽視的熱帶疾病（也就是鉤蟲、蛔蟲、鞭蟲及血吸蟲），並對21

世紀的新『四人幫』發動一場更大的戰爭。」更重要的是，要將這些寄生蟲自環境中消除，只需要改善衛生條件。我們不需要任何藥物、疫苗或任何複雜、昂貴的醫療干預策略；只要傳播病原的人類糞便避免去污染食物或水，牠們便不會存在。這就是為什麼西方國家雖然仍然必須面對透過性行為傳播的愛滋病及飛沫傳播的結核病，卻不大有這些傳染病的困擾。因此，戒除使用人類糞便作為肥料，對於解決這個重大的全球性健康問題大有幫助，而室內農場將是該解決方案的一部分。

沒有人是單獨存在的

無論你喜不喜歡，我們都不能自外於大自然。所有不同生態學分支學科的科學家，分別都得到相同的結論：地球上所有的生命，都透過彼此相互依賴的生命更新循環，而產生直接或間接的關係，這是科學的建立基礎。倘若沒有人類的干擾，生命將以平等的方式繼續生活下去，居住在特定生態區域裡的所有生命形式共同分享每天由太陽所供應的那一份能量。我們一直都是這個體制裡的一部分，但直到近五十年左右，我們才透過正式的、科學的角度，領會到這種親密的聯繫。

今天，我們發現自己身處於一個有點尷尬的處境，不

知道為什麼我們是這麼不公平地對待地球上的其他種生命形式。然而，並不是所有的人類社會都是這樣，許多完全依賴大自然生活的原住民文化，都能在沒有現代技術的幫助下生存茁壯，例如，澳洲阿納姆地（Arnhem Land）以及巴西的雅諾馬密（Yanomami）的原住民。他們都仔細觀照周遭的環境，藉此學會與環境平衡共生，並與共同組成生活圈的其他生命形式建立長期的合作關係。對他們來說，破壞自然，無異等於自己扼殺了整個社群的生路。大自然是他們之所以能繼續生存的根本，因此他們絕對不會去摧毀它。舉例而言，在最自然的文化中，幾乎沒有「垃圾」或「廢物」這類的字眼。一如賈德・戴蒙（Jared Diamond）在他的大作《大崩壞》（*Collapse*）中所描述，許多無法參透這種根本關係的社會，都早已走向滅亡，所有語言都把過度收穫及貪婪翻譯成滅絕。有些文化的人口在逐漸增長之後，他們在生理上的需求也不成比例地增加。由於現在人們有了更強的理解能力及創造力，並利用這兩種智能基礎發明了農業，最終演變成現在這種以技術驅動的世界。

連結

然而，儘管人們如此聰明，我們與地球上的其他範

疇，仍然保持強勁而不可改變的關係。我們所呼吸的空氣、所喝的水以及消費的食物，都是我們與自然程序之間的臍帶，幫助我們生存下去，即使在現在這種複雜而進步的社會之中還是如此，大自然確保這些東西能供應不斷且安全可用。相反地，生活在技術圈的我們，卻有意識地選擇讓我們的生活脫離自然，讓生物圈付出極大代價。幸運的是，我們還沒有學會直接控制水文週期或任何讓資源可重新利用的其他地球生物化學循環。同樣地，這些提供各種服務的自然循環程序，也都被生態科學所重新定義。它們兼具內在及外在的經濟價值，據估計，地球上所有的生態系統服務，價值可能高達60兆美元。有些人認為有必要把讓人類得以存活的自然程序用金錢單位來衡量，並稱這些服務為「自然資本」。在我看來，地球所孕育的各種生物，強化了各種自然程序，令人類得以生存，是不可缺乏的，因此以金錢來衡量它們對人類的價值，不但粗糙，也貶損了生命的意義。

　　人類的基因顯然有所瑕疵，流露出一種對地球上其他生命形式的強烈攻擊性，而這些生物體與我們一樣是以地球上第一個生命形式為始祖演化而來。我們需要把整個大自然貶抑成一種經濟模式，顯示我們需要把萬事萬物都人格化，以符合人類是世界中心的世界觀。沒有任何事情可以遠離真理，我們怎麼能這麼快就忘記哥白尼給我們的最重要的教訓：宇宙並非以人類為中心，而生物圈也不是。

否認甚或輕忽我們與世界其他事物之間的關係,必然導致滅亡,事實就是這麼簡單。

現有科學證據全都指向一個事實,地球上最具破壞性的力量,是人類侵犯自然系統的惡習,主要是為了生產更多的糧食。倘若維持我們目前這種取得食物的方式,人類還有什麼選擇?事實上,我們已被困住,大家都是自投羅網的囚犯(就像〈加州旅館〉[註1]的鬼魂),鎖定在一個古老、過時的糧食生產系統,需要我們用愈來愈多的土地來滿足人口增加的需求。如果我們繼續走向這條死胡同,那麼馬爾薩斯[註2]的預言儘管有點為時過早,實際上卻是對的。當然,除非我們能再度有新的技術突破,來挽救我們,將我們從即將到來的厄運中解救出來。但是,在人類歷史的這個關鍵時刻,我們最需要的並不是另一套能快速修復的技術,而是所有人類在行為上要永久改變。我相信一定有辦法同時滿足我們及那些無害生物的需要。我認為,在城市地景中建立永續性的糧食生產系統,將是一個很好的起步,並可解決許多環境破壞的問題。一個以城市為基礎的農業體系,將使我們能夠在不進一步破壞環境的

註1:〈加州旅館〉(Hotel California)是老鷹合唱團的同名專輯歌曲,發行於1976年,歌詞講述一名疲憊旅人夜宿一間奢華旅館,卻夢魘般地進得去出不來。

註2:馬爾薩斯(Thomas Robert Malthus, 1766-1834),英國經濟學家,他以二十幾年的時間發展出一套「人口論」:人口是以幾何級數比率增長,而糧食和其他生產卻是以數字級數比率增長,因此全世界糧食生產量會趕不上人口增長的速度;總有一天,地球將會面臨糧食不足的危機。

前提下生活。事實上,只要讓一定比例的土地休息,解除它們生產糧食的義務,我們就能夠創造雙贏,我們還是能得到食物,同時,過去人類為了一己的利益大肆侵犯自然系統,卻罔顧其他生物,因而不知不覺中失去的生態系統服務,也將因此開始重生。

大限恐怕必須延後,除非有某個像美國紐約曼哈頓般大小的隕石撞擊地球的大災難,或是太陽突然變成一顆超新星。因此,我將詳細介紹一種務實、可行的解決方案,能夠處理糧食生產及環境修復問題。透過垂直農場的多層樓建築,將最先進環境控制農業技術整合為一,我們的世界將可迅速成為更美好的所在,迎接下一代人口的到來。城市生活是我們的一切,創造一個與僅存農村的平衡共存,不僅可以實現,也是人之所願,且在經濟層面上也是可行的。解決氣候快速變遷所需的代價約在70-80兆美元之譜(根據《史登報告:氣候變遷對於經濟的影響》所言),相當於地球上生態系統服務的總價值,而在高樓建築裡的城市農業將成為「不用腦子想也知道的事情」(這說法雖然有點陳腔濫調)。

在市區的垂直農場中種植大多數作物的優點,表列於第137頁,其中有許多優點也適用於具備環境控制的平房溫室農耕,兩者的差異在於糧食收成、儲藏及運輸課題,以及生態足跡的規模。幾乎所有的高科技溫室都坐落在市區範圍之外,因為土地非常便宜。但是,糧食生產地距離

市中心愈遠，它的生態足跡就愈遠。毫無疑問地，只要先建立一些垂直農場並開始運作之後，我們將能看見設立更多垂直農場的好處。過去多年來，我徹頭徹尾仔細思索這個點子，到目前為止，除了最初的建造經費、失業農民的安置問題之外，並沒有發現任何其他重大的缺點，我甚至還想出了長期可行的解決辦法。針對農民的問題，我會長期、努力地去遊說，希望能從政治層面來解決這個問題，讓農民因為碳封存而獲益。廢耕的農地將迅速恢復生態原貌；整個美國東北部就是最好的見證。關於這個問題的探討，我強烈推薦一本文筆優美的論述，是由李奧帕德（Aldo Leopold）撰寫的《沙郡年紀》（*A Sand County Almanac*），作者以淺顯、優美的語言，記述他父親在威斯康辛州沙克郡的農場如何逐漸回復成為闊葉林的經過。根據碳的真正價值來為碳定價，能幫這些多半處在勉強餬口邊緣的農民創造經濟的誘因，讓他們終於能有份像樣的工資，同時幫助回復受損的生態系統。讓樹木重新生長，將有助於封存大氣中的碳，減緩氣候變遷，也增加枯竭、破碎的林地的生物多樣性。至於「發明」垂直農場而產生的費用，容我冒昧臆測，任何一項發明的第一代成品都是要付出巨大代價的。隨著這項發明廣為大家所接受且需求也增加之後，價格將會下降。對照任何一種現代的便利發明，例如飛機、混合動力汽車、電漿電視、手機、掌上型計算機，你就能了解我的意思。我完全可以預測，一旦我

們了解垂直農場的真正價值，不只是對人類，還有對自然環境，垂直農場必定會成功。

　　總之，建立垂直農場需要在都市裡採用大型的水耕及氣霧耕，它可能解決兩個問題：在不進一步破壞環境的情況下，生產能供應不斷增長的城市人口所需的糧食作物；同時讓耕地休養生息，恢復其生態原貌，而就大部分的情況來說，是讓闊葉林得以復育。

垂直農場的優點

1. 整年都可生產農作物
2. 不因氣候造成農作物歉收
3. 沒有農業逕流問題
4. 讓生態系統得以恢復原貌
5. 不必使用殺蟲劑、除草劑或化學肥料
6. 用水量減少70－95%
7. 大幅縮短運送食物的距離
8. 更能掌控食品安全及糧食安全
9. 提供新的就業機會
10. 將灰水淨化為飲用水
11. 以採收後的植物材料作為動物飼料

1. 整年都可生產農作物

　　從有農業以來，作物的生產一直都與季節息息相關，即使在熱帶氣候地區也一樣。無論在任何地區，一年裡不同季節及天氣模式，加上當地的土壤類型，決定了作物的產量。作物不能達到最高的產量，向來都與惡劣天氣有關，可能是生長季節的降雨延遲了，或雨量的減少或增加。近年來便常有雨季不如以往可靠、造成作物歉收的情況，例如，過去十年來，印度的大多數地區就發生雨季來得太晚及持續時間太短、但總降雨量不變的問題。當然，過去與現在最大的不同，在於現在沒有足夠的水能滲透浸濕地面維持一年之久，而洪水又是家常便飯；因此，表土正以驚人的速度流失，農作物因生長季節尾聲水資源短缺而嚴重歉收。在印度的許多地方，農業逕流問題已經失控。由於大批農民及他們的家人遷居到城市，印度所有主要的都會中心都以驚人的速度邁向都市化，這是異常雨季造成的另一個負面後果，更加重了各項市政服務的負擔，其中許多城市都已經達到、甚至超出所能負擔的極限。其他同樣仰賴雨季來提供大部分水資源的地區，也正遭受同樣的命運。

　　不必擔心外在氣候條件，對所有人來說都是顯而易見的優點，這意味著農民可以在任何時間、任何地方，種植任何作物。這不僅是一個更好、更可靠的永續糧食生產策

略，同時也讓農民得以利用季節性的市場，使作物賣出遠高於一般市價的行情。一個很好的例子是每年夏季尾聲番茄在歐洲的銷售，此時番茄正當季，透過貿易協定的作用，能有利於當地農產品的銷售。當銷售隨著季節而下降時，關稅也降低。這正是環境控制農業發光發熱的機會，例如，在摩洛哥的農民就可以在適當時機種植水耕番茄，並在西班牙市場的番茄價格最高時剛好成熟出售，延長當地的番茄產季直到次年關稅再次提高之時。

2. 不因氣候造成農作物歉收

在室內耕作的農民不需要祈求雨量、陽光、適宜的溫度，或其他任何與生產糧食作物相關的事情，因為所有條件都受到控制：溫度和濕度、光線的量以及種植的密度。過去幾年來，全球各地都出現了災難性的異常天氣狀況，已經永久改變了糧食的生產方式。洪水、乾旱、龍捲風、冰雹、氣旋、颶風與強風等，都是戶外種植農業之所以不能算是穩定職業的部分原因。在美國，颶風、長時間降雨及乾旱一直都是最重要的元凶。1992 年 8 月 24 日，五級颶風安德魯肆虐佛羅里達州三分之一的低窪地區，造成 340 億美元左右的損失。大部分的損失都是住宅，但也有相當大面積的農田遭受摧毀。佛羅里達州是美國第二大畜牧生產地區，也是西半球最大的甘蔗種植區之一。以下是

佛羅里達州政府農業局在2005年提供的農產品清單：

> 美國柑橘總產值的56%（8.43億美元）
>
> 美國葡萄柚總產值的52%（2.08億美元）
>
> 美國甜橙總產值的53%（6,840萬美元）
>
> 美國甘蔗總產值的53%（2004年為4.33億美元）
>
> 美國市場新鮮番茄總銷售值的49%（8.05億美元）
>
> 美國市場青椒總銷售值的44%（2.13億美元）
>
> 美國市場新鮮黃瓜總銷售值的31%（7,370萬美元）
>
> 美國市場西瓜總銷售值的31%（1.27億美元）

雖然佛羅里達州許多堪稱富裕的農家能夠透過作物保險來彌補損失，有些受災最嚴重的農民決定放棄傳統的種植與收割方式，重新學習讓自己成為室內農業專家。一名不願透露姓名的草莓農決定將他那受損的30英畝農場改造成一個面積約1英畝的高科技溫室，他利用水耕堆垛（hydrostackers），能產出相當於29英畝產量的水果，且全年都能生產。他選擇放著農場剩下的土地不管，讓它恢復其自然原貌。在兩年之內，農地的下層植被已經恢復，生物多樣性也明顯改善。這啟發我們想起一句古老的格言：「自然憎惡真空」（Nature abhors a vacuum）。也許這位農民現在最關心的會是如何把鱷魚及水蛇趕出住家的游泳池。每個人，包括野生動物，都得到快樂的結局！

如前所述，洪水已成為東南亞及印度次大陸的長期性問題。最近，乾旱也讓農業生產蒙受極大損失，特別是在非洲的撒哈拉以南、美國東南部及澳洲等地區。在沒有水資源可以灌溉的情況下，農業注定失敗。洪水及乾旱也造成表土流失，這是全世界第二嚴重的農業問題，僅次於有毒的農業逕流。要透過自然過程來補充失去的表土，需要數年時間，以節水的水耕栽培法在室內進行無土的作物生產，是唯一能避免這種結果的合理措施。

3. 沒有農業逕流問題

　　美國農業部明確指出：「農業的非點源性污染是美國污染的主要原因。」（參見網址 www.ars.USda.gov/）就算不考慮洪水的影響，多數的農業灌溉措施（滴灌法是例外）仍然造成了大量的農業逕流。農業逕流基本上是無法預防的，因為幾乎每一種植物所需要的水量，都比它們能從一般降雨所得到的還要多，才能將傳統戶外種植的農作物產量提升到最高。最先進的農業耕作方式，所產生的逕流通常帶有泥砂、化肥、農藥、殺蟲劑、除草劑，且通常最終會累積在一些河流的入海口附近。在這些水域環境中，農藥造成野生動物死亡，包括軟體動物、甲殼類（蝦、蟹）以及魚類。化學肥料裡的氮會消耗水層裡的氧氣，形成淡水及海水生物的「殺戮場」，美國因此不得不

從國外進口近80%的海產。許多其他地方也有類似的情況，這些地方的農業往往需要仰賴大量的化合物，造成了環境改變。此外，那些歷經污染的衝擊仍然存活下來的生物體，藉由食物鏈而造成生物累積，牠們體內勢必含有各式各樣的農藥。農業逕流也造成在淡水中繁殖的魚類與兩棲類動物的浩劫。

美國加州共分成三個農業區域：北部、中部及南部。在北部，沙加緬度河流域農地的產值，占加州農業收入的20%，且長期以來一直存在著與都市及農業逕流相關的問題。沙加緬度河供應舊金山的一部分飲用水，以及中央谷地北部所有其他社區的飲水，在這情況下，人們關注的不僅是沙加緬度河河口的野生動物的問題而已。污染的最大元凶似乎是一種稱為「二嗪農」（diazinon）的殺蟲劑，它是多種作物都能通用的一種殺蟲劑。居住在這條河流域的居民組成聯盟，對州政府形成政治壓力，要求改善整個流域的水質監測。這是一個持續進行中的抗爭，居民關注的是公共衛生問題。

加州較南部的農業區劃分為中部及南部兩個區域。在南部地區，科羅拉多河分別灌溉亞利桑那州及加州的農田，剩餘的河水則流入加州灣。中央地區的作物生產面積更大，加州前二十大農業郡，有十一個都在這個區域，其中八個位在聖華金河谷。中央谷地匯聚了許多發源於內華達山脈的河水，其中有些河流的水流入中央谷地的幾個湖

泊，有些則與沙加緬度河會合。但是，所有中央谷地南部地區的河流，沒有任何一條是流經當地而後進入太平洋，這造成了一個不尋常的農業逕流狀況。如前文所詳述，灌溉水直接澆灑在地上，它無處可去，只能向下流，最終，美國驚悚大師愛倫坡的恐怖故事「阿蒙提拉多酒桶」的情節將會發生，當充滿毒素及鹽分的地下水終於上升到植物主根的最深處時，整個地區將敲響喪鐘，而我們過去所熟悉的農業，將不復存在於史坦貝克所稱的這個充滿奶與蜜的土地上。如果現在所用的灌溉方法再繼續二十五到三十年，加州將開始感受到這個即將到來的災難的影響。一旦喪失所有種植作物的能力，加州每年高達300－500億的農業收入也將消失。藉由轉向室內栽種策略，所有因農業逕流造成的損害是可以預防的。在室內用來種植糧食的水甚至還可以循環並不斷重複利用，只要以水耕植物吸收養分的速度及時補充營養物質即可。

正如先前所述，在短短幾百年內，中國長江出海口的崇明島已從三個不起眼的沙洲逐漸長大成中國第二大島，這也是一個說明農業逕流能永久改變地貌的有力證據。

4. 讓生態系統得以恢復原貌

如果能在都市地景中進行大量的農業耕種，那麼這個世界的農業生態足跡將變得愈來愈少。對於大多數農作物

而言，大約可以有室內種植所需面積的十到二十倍的戶外土地，能被轉換回復為闊葉林。這是因為室內農作物可以整年種植，不會因為惡劣的天氣而遭逢災損。大面積土地的環境恢復原貌，是許多人高度期盼能夠做到的事情，但多數人卻覺得它是個不切實際的目標，因為我們現在需要用來生產糧食的土地相當大，且不久的將來，隨著人口的繼續增加，還將需要更多土地。聯合國糧農組織在每次出版的《世界糧食危機狀況報告》（*State of Food Insecurity in the World*）中都感嘆指出，要恢復自然世界的原貌，最簡單的解決辦法就是放任不管它。或許有人會強烈質疑，這個策略根本就是善意的忽視，因為現在絕大多數人都生活在都市或郊區，從來沒有機會見證大自然恢復原貌的模式。但請相信，已經有大量的「概念證明」能很有說服力地顯示，環境的復原力量比我們所想像的還要強。美國中西部的塵盆地區，在被多數土地管理專家描寫成不可能復原的荒涼、不毛之地後，短短二十年內，已經回復為長有高草與短草的草原。那時期的紀錄片顯示著有毒表土形成的烏雲就要吞沒整個城鎮的畫面，也難怪他們會有這種悲觀的看法。儘管如此，在沒有任何外界影響（如農業）的情況下，政府雖然也沒有努力做一些復原的工作，它還是悄悄地回復為原來的生態樣貌。

在美國歷史中，整個東北地區至少曾經有三次被砍伐成光禿一片，每一次，只要農作物種植失敗，土地被棄置

不管，整片樹林就能恢復欣欣向榮。休伯德溪生態研究網站（http://www.hubbardbrook.org/）就有一個具有堅實科學基礎的絕佳案例，描述了這個位在美國新罕布夏州北部的森林在被砍伐殆盡後放任不管，它的自然環境所發生的變化過程。這項研究的初步成果摘要，對於那些還不相信大自然有足夠的資源，能夠從類似濫砍之類的災難事件中恢復的人來說，是個最具教育意義的說明。

在1967年這項研究開始的時候，整個休伯德溪流域寶貴的林木都被砍除一空，但樹木仍留在原地。研究人員在林木砍伐前、砍伐過程以及砍伐後，持續監測排入溪流的水質，包括溶解於水中的礦物質以及有機物。三年後，溪流的水質狀況已經回復到與試驗前相同。樹木則需要比較多的時間才能重新生長，起初以先鋒植物為主，包括矮樹與灌木叢，這些植物都不耐蔭，在砍伐過的開闊土地上，它們的種子因為持續曝曬在陽光下，因而能很快發芽。這些先鋒植物生長快速，製造出樹蔭，在樹木長成之前，它們的根還有固土的功能，因此讓排入溪中的水能回復原來的高品質。土壤中的樹木種子現在得到了矮樹與灌木叢的遮蔭，可免於陽光直接曝曬，刺激了它們的發芽。當樹苗長大到超越矮樹與灌木叢的高度時（大約五年），再次創造了樹蔭，不耐蔭的先鋒植物功成身退，把土地讓給再生林。二十年之內，休伯德溪流域的混合寒帶林再次林木蓊鬱，重返過去的榮耀，整個過程不需任何一個人伸

手幫忙。這個意義深遠的再生長期生態研究（目前仍在持續進行）揭示了森林重造的祕密，告訴我們，所有灌木、矮樹及林木的種子，一直都在地裡待命。當災難發生時，大自然會更加緊努力，全力啟動它的修復機制。見證這過程，令人大感神奇，無論是哪個生態系統發生危機，都能體現大自然累積了數百萬年的寶貴天擇智慧。終究，大自然總是對的。

南北韓之間的非軍事區，是一條從朝鮮半島東岸延伸到西岸的十英里寬帶狀區域，自1953年兩韓簽署停戰協定後，便被劃為禁區，任何人都不能擅入。它現在已經是個蔥蘢、平和的野生動物保護區，完全沒有人類的活動。再次顯示大自然完全不需要人類插手幫忙，自己便能重新再生。另一個例子是位在烏克蘭的車諾堡核電廠，它在1986年發生全球史上最嚴重核電廠災變，產生大量的輻射塵，周圍數英里地區的環境遭受污染。令人驚訝的是，野生動物無視於到處矗立的禁止進入警告標誌，在人類撤離後不久，牠們就慢慢開始在這個地區重新繁衍。現在，這裡已經成為野生動物的天堂，幾乎所有曾經被農民驅除的動物與植物，現在都已經重返該地區。這並不代表光看這些動植物的正常外觀，就可以說人類也可以安全重返車諾堡。這些植物與動物為了要生活在這個高度污染的環境下，一定也付出了沉重的代價。

哥斯大黎加是一個有豐富歷史文化的國家，相當長的

一段時間以來，都不曾有內亂。因此它的地理景觀充滿了農場，熱帶雨林被甘蔗、咖啡及人工林所取代，擁有各式各樣的短週期作物以及牲畜。儘管農地侵占了許多土地，該國還是有大約47%的土地是森林；因此，可以理解，生態旅遊成為該國的經濟主力之一，許多想體驗置身原始熱帶迷霧雨林的觀光客，多半以雨林為目的地。從2000年到2005年，該國的養牛業規模被迫減產，因為美國轉從其他產地購買較便宜的畜產品。這讓大量已開發土地得以休耕。美國康乃爾大學「博伊斯・湯普森植物研究所」於是開始進行一項修復計畫，在這片受損的熱帶環境採用最先進的園藝技法以及本地樹種的種子，結果成功在一小部分地區重新造林。除此之外，哥斯大黎加其他地區的廢棄農地也恢復原來的生態樣貌。根據聯合國糧農組織最近的報告《2009年世界森林概況》（*State of the World's Forests 2009*）指出：「與十年前相比，從2000年到2005年，大多數中美洲國家的森林淨流失減少，哥斯大黎加森林面積則為淨增加。」熱帶雨林終於也有好消息！

　　婆羅洲最東邊的雨林「永遠的三寶齋」（Samboja Lestari），則是另一個成功的大型復育案例，涉及較多的人為投入。為了創造一個讓上千隻孤兒紅毛猩猩可以安全生活的避風港，野生生物學家威利・史密茨（Willie Smits）博士在當地農民的幫助下，在廢耕的農田種植各種本土的植物，包括樹木，建立了一個保護區。這片為開墾農地而

被砍伐的森林，在原有植物尚未復育之前，已經乾焦而毫無生氣。在計畫開始後的短短三年內，氣候型式已恢復為熱帶雨林的降雨模式，在雨季時每天都會降雨，那裡的紅毛猩猩似乎也過得相當好。

森林再生之後，能提供多種生態系統服務，其中最重要的是以纖維素的形式來封存碳，另一個則是生物多樣性的回復。然而，到底這些樹木可以從大氣中吸收多少的碳，目前還有爭議，一些森林研究人員還在研究確切的數字。這似乎完全取決於樹種（闊葉林或針葉林）、樹木的年齡與密度，以及林木生長的緯度。有一點是肯定的，那就是除了樹木之外，很少有其他生態機制能夠有效地吸收大氣中的二氧化碳。此外，也沒有其他遭破壞的生態環境能像樹林一樣，光是放任不管便能自行回復原貌。例如，珊瑚礁幾乎完全是由碳酸鈣組成，能夠非常有效率地封存碳，不幸的是，由於海面溫度上升，珊瑚礁正不斷減少。同時，海洋中的二氧化碳量已趨飽和，隨著二氧化碳的不斷增加，海水不能以更高的速率來封存碳，反而是以碳酸的形式愈變愈酸，對平衡大氣中的碳幾乎沒有什麼幫助。

因此，基於以上論點，我們來假設可以用某種方式說服美國的俄亥俄州、印第安納州、伊利諾州及愛荷華州，把所有的農地都變回闊葉林，回復為1600年之前的樣貌。如果我們可以讓森林重新生長，這麼廣闊的闊葉林在成熟之後（三十至四十年），每年將可消耗美國二氧化碳

148

排放量的10%；當然，如果缺乏一個用非傳統方式種植作物（環控農業）的選項，我們將永遠不可能開始仔細思考：在美國心臟地帶復育森林對於氣候變遷所可能產生的影響。

5. 不必使用殺蟲劑、除草劑或化學肥料

垂直農場將採用最先進的水耕與氣霧耕技術，裝置在一個安全的建築物內。這棟建築的設計將必須考量到要能夠將昆蟲、微生物病原體等不速之客阻擋在戶外耕種的環境下，這些害蟲不但吃掉農作物以滿足其營養需求，還在世界各地的農地上肆虐。傳統農民必須使用各種武器，也就是殺蟲劑及除草劑，來對付這些攻擊農作物的害蟲。此外，要讓作物在肥力耗盡的土壤上還能維持最高產量，化學肥料是不可或缺的恩物。

相比之下，垂直農場將使用純淨的水，將一套高度純化、計算精準而平衡的營養素溶解於其中，以滿足作物的營養需求。藉由添加人類也需要的額外營養物質，將可確保無論是植物和動物（人類）都得到平衡的營養。如此將不必擔心我們的食品受到重金屬、莠去津、二嗪農等污染，或帶有人體病原，如沙門氏菌或 O157: H7 型大腸桿菌。前文已經詳述了農業用藥及污染物對我們及環境的負面影響，因此便不再進一步探討這個問題；唯一要強調的

是，這些數據應足以說服所有讀者，如果我們能夠避免使用農藥，絕對是好處多多。運用垂直農場的種植策略，能完全控制所有條件，將使我們有機會做到這點。

6. 用水量減少70－95%

如今，傳統農業用去了地球上可用淡水的70%左右，並造成水污染，導致下游居民沒有乾淨的水可用。相反地，水耕以及最近發展的氣霧耕技術則徹底改變了農耕的用水方式，不會因為農業逕流而造成破壞性的副作用。若將這兩種方法使用於「閉環式」（closed loop）或獨立系統，能節省大量的水，在某些極端情況下甚至節省高達95%。這兩種農耕方式，是美國太空總署與歐洲太空總署用作為永續性糧食生產的辦法，將讓太空人未來可以在月球或火星上生產糧食。同樣地，一旦垂直農場臻於成熟，在地球上任何地方都能生產糧食，這是垂直農場計畫背後的長期回報。

那麼，這兩種相關的耕種系統，原理是什麼呢？與一般大眾所想的相反，植物本身其實並不需要土壤，他們只是利用土壤來作為支撐的穩固基礎，讓根部可以散布，換句話說，土壤的功用是作為支撐系統。這也說明了為什麼世界各地都有植物的蹤跡，無論哪一種土壤，只要有足夠的水及溶解的礦物質，加上有機氮來源。只要土壤類型對

植物沒有負面影響，例如酸性或鹼性太強，那麼是有可能使植物生長在地球上的絕大多數地區，甚至人行道的裂縫或懸崖上，就像盆景植物一樣。甚至還可以種植在完全沒有土壤的新形成的火山島嶼。事實上，植物可以透過其根系的生長，使較大的岩石基質碎裂成更小的顆粒，直到顆粒愈來愈小，變成某種原始的土壤，藉此幫助形成土壤。

水耕技術是在1937年由美國加州大學戴維斯分校的威廉・F・葛里克（William Frederick Gericke）博士所開發，它是種子在苗圃發芽、發根，準備移植到盆栽裡用土壤種植時，所使用的一種特別的常規方法。酪梨種子可能是一般最熟悉的例子，它可以在一杯沒有添加任何東西的自來水中生長為幾近成熟的植株，只需要新鮮空氣及陽光。它之所以能有如此優越的生長特性，是因為種子裡儲存了大量的營養物質，要讓它抽芽、長出莖葉，唯一需要的就是水。小孩（成人也一樣）喜歡看著它從一顆淺褐色、布滿皺紋、看來毫無生氣的東西，生長成茂盛的綠色植物，當移植到有仿土壤材料的盆子之後，它會繼續生長，如果能定期澆水，通常還能長出酪梨。這是一個小小的「生命奇蹟」，父母常喜歡用它當作給孩子的教材。酪梨與其他所有的植物並沒有什麼不同，它們都把最精華的營養儲存在種子裡，賦予種子最大的生存機會。在合宜的氣候條件下，所有苗木都會生長為成株，以維續物種，在室內生長將可確保環境一直都維持「合宜」的條件。

植物需要的基本要素是化學週期表裡標示紅色的元素，以及有機氮來源與陽光。另一方面，我們還需要另外三種元素（標示綠色）。因此，當我們在設計水耕作物的配方時，在用來浸泡作物的營養液中，必須包含所有必需的營養素。我所打的主意是，大型的農業化學公司可以轉型，不再製造合成殺蟲劑與除草劑，變成供應高純度化學營養配方給垂直農場所種植的作物。要提供經濟誘因說服坐困愁城的產業走向正途，跟上全球綠色運動風潮，並不困難，畢竟，這些大公司的主管與員工也都有家人，我相信他們也都非常關心，在未來五十年，他們的子孫會面臨什麼問題。

水耕設施的設立，主要受限於人們願意生產的作物種類，配置方式取決於植物的根系。運作系統的液體部分被緩緩抽入一條特製的管子中，管子通常由塑膠材質，如聚氯乙烯（PVC）所製成，但也不一定非用塑膠不可，不同管徑的竹筒也有同樣的功能，且由於竹子是目前已知最堅韌的天然材料，因此非常適合；除此之外，竹子也有生長快速的優點。不過，我們倒不必一開始就鎖定某種技術利基。一旦建立管道系統後，便可將營養物質溶解到水中，透過管道系統分送出去，所有的運作都受到電子監控，密切偵測每一種元素及有機氮的濃度。利用這種方式將能在最佳條件下種出品質均一的作物。相關水耕種植者及商業種植的農作物種類，請參見244-251頁〈網路資源〉。

氣霧耕法是由理查・史東納（Richard Stoner）於1982年所發明，將水耕法「更發揮到淋漓盡致」。位於植物下方的小噴嘴將富含養分的水霧噴灑在根部，提供作物所需的一切養分。用水量十分節省，比水耕法的耗水量還少大約70%，無疑將成為下一階段環控農業的主力。

有一個問題常常被問到：「為什麼我在冬天買到的溫室番茄，滋味不如我在自家後院種的番茄？」我認為，在「古早時期」，室內種植的番茄品種確實沒有土壤種植的那麼好，原因是，當室內種植可以達到商業水準時，種植者會力圖讓農作物在消費者面前呈現完美無瑕的形象，他們要的是外觀完美的番茄。然而，只要一口咬下就可以證明，光從外觀無法判斷番茄的好壞；它既不紮實又沒有滋味。美味番茄的本質不大容易改變，且很容易辨認，因此，溫室農業業者開始研究為什麼他們的番茄不夠好吃。藉由研究生產美味蔬菜的外在條件（例如寒冷的夜晚，溫暖的白天，或短期的乾旱），他們發現，要誘發番茄產生類黃酮（植物特有的一種複雜有機分子），需要有某些壓力。這些分子就是大部分蔬菜之所以具有獨特風味與香氣的基本因素。此外，限制作物的水分攝取也能增加糖分含量，讓滋味更加提升。今天，許多室內種植者已利用這些知識，持續生產最美味的蔬菜，供應市場所需。例如，位於美國亞利桑那州威爾科克斯的歐鮮農場（EuroFresh Farms），便經常在番茄品嚐比賽中獲獎。荷蘭與墨西哥

的溫室農業也跟著採用新的方法,來生產美味的作物。不幸的是,許多小型溫室經營者仍然「不得其門而入」。儘管耕種者已經知道該怎麼辦,這場消費者與生產者之間的長期拉鋸戰,卻可能還將繼續下去。對某些人來說,這實在過於複雜,讓他們懶得去關心。

7. 大幅縮短運送食物的距離

「自家栽培」一詞往往讓人有一種欣慰感,無論指的是在地的足球英雄,還是我們所吃的的食物。在地食物是最好的,因為我們知道它從哪裡來。垂直農場是以一個很未來、帶著樸實意味的名詞,來表達一種街坊鄰里的概念。我們通常最信任可以親眼看見的事情,在地種植的玉米、番茄或自由放養的雞,似乎吃起來更美味。我們甚至驕傲地向外人炫耀:澤西番茄、緬因州馬鈴薯、喬治亞州甜桃……諸如此類。邁克‧波倫在他那史詩般的美食鉅著《雜食者的兩難》(*The Omnivore's Dilemma*)不斷強調這個概念,簡直到了極致。

垂直農場將坐落在市區範圍,並藉此創造一個在地的永續食物來源,且勢必能進入餐館、學校餐廳、醫院病房、監獄及集合住宅,當然也會進入生鮮市場。農產品將在成熟的高峰期新鮮採收,完全不需要冷凍,甚至連冷藏都不必。消費者鉅細靡遺地知道它的內容物,食物通常一

天之內就可賣到消費者手中。從一顆番茄到你餐桌上的美食，中間的運輸距離大概只有幾個街廓，而不是多少英里。最後，美國的碳排放量將能降低，請記住，美國每年的石化燃料消耗量有20%左右是用在農業。由於來自垂直農場的食物不必大老遠運送，損耗率也將大幅減少，不必儲存意味著冷藏需求減少，能節省更多的石化燃料，容易滋生病媒的城市垃圾也可望大為降低。有沒有壞處呢？就算跟最貴的農地相比，城市的地產也是昂貴得離譜，我會在另一章節討論這個問題。目前為止，請放心，即使在紐約市或是洛杉磯，都有負擔得起的地產，如果那裡可以有垂直農場，將能把這些最受忽視的社區轉變成城市再生與振興的泉源。過去數年來，我造訪許多城市，並向市議會、市長、城市規劃者與農業部長演說，從這當中，我了解到，如果垂直農場能在市區立下根基，必然是因為這些官員看到了它的優點，且提供了誘因，將垂直農場引入。

8. 更能掌控食品安全及糧食安全

不管用哪一種配置方式，建造垂直農場時，都應該採用一般在設計建造醫院加護病房時所考量的基本原則，把大部分已知的植物病蟲害與微生物病原體都摒除在外。屏障醫療早已是相當成功的技術，從百年前人類首度發現病原微生物以及它們的特性以來，就被廣泛使用。這些措施

156

將讓垂直農場在大部分時間裡得以在沒有害蟲及病原體的情況下運作。最重要的關鍵是預防，等到植物病蟲害入侵才處理，是昂貴、費時又缺乏效率的作法。如果每隔六個星期左右就必須暫停營運以處理某種病蟲害疫情，例如開放式溫室常見的白粉蝨（whitefly），垂直農場將變得不切實際。這種微小的害蟲一旦進入溫室，便會讓產量降低，持續好幾個星期，必須加以處理才能恢復產量。稻瘟病、小麥鏽病以及一些其他植物病原都必須以隔絕的方式加以控制，而不是使用抗真菌劑。垂直農場應該是具備空氣過濾裝置及安全鎖的正壓建築，所有工作人員在進入之前，都必須更換衣服，如此才能確保垂直農場是一個能讓我們放心種植作物的安全所在。對於如何保護我們所最珍惜的事物，安德魯・卡內基（Andrew Carnegie）提供了他的哲思：「愚者在心裡說著：別把所有雞蛋放在一個籃子裡。但智者如此告誡：要把所有雞蛋放在一個籃子，然後看好籃子。」我幾乎可以肯定，他指的是那些他搜刮而來且存在某些銀行的金錢，然而銀行有時也會發生搶案。如今，高科技的保險箱及許多裝備精良的警衛站在布區・卡西迪（Butch Cassidy）及威利・撒頓（Willie Sutton）之流的搶匪與我們得之不易的存款之間。同樣地，若要將農業生產集中在都市，也必須確保沒有人能輕易破壞它的運作。就此而言，門禁管理、只有被核准的工作人員才能進入，都是非常重要的。從安全角度來看，傳統的農業有許多脆弱

的環節。我希望垂直農場的概念可以應用在各種不同情況，餐館、學校、醫院與集合住宅等。在都市中分散糧食生產，將大幅減少恐怖活動的威脅。記住：在戶外，我們什麼都控制不了；在室內，則可以讓一切都在控制之中。選擇權在我們手中，我一定選擇室內。

垂直農場的工作人員必須先接受篩檢，不能感染某些可能經由糞便污染而傳播的寄生蟲，就像過去紐約市政府在核准食品業工作人員進入餐廳工作前所做的篩檢一樣。受限於經費，紐約市現在已經無法繼續實施這種方法，但我認為，在垂直農場成為都會區農產品的主要來源之後，我們必須監測類似土源性蠕蟲及沙門氏菌等病原，並讓受感染的工作人員接受治療後才讓他們工作，如此才可以消除經由食物傳染疾病的可能。

9. 提供新的就業機會

垂直農場的出現，將創造許多不同層面的新機會，市府單位將利用垂直農場來重建那些曾被認為過於落伍、不適合商業活動的城市空間。垂直農場進駐的地點，將轉而吸引新的開發機會，使城市的食物沙漠成為歷史。2009年一項針對紐約市、舊金山、奧勒岡州波特蘭市的都市農民的調查顯示，他們都是在定居都市之後才開始對農業產生興趣，他們希望過城市的生活方式，同時種植一些自用

的食物。他們的農耕技術大多是自學而來，不過一旦在高樓進行室內農耕蔚為風尚之後，將會創造許多新的工作機會：經理、室內環控農業專家、把廢棄物變為能源的專家，以及負責育苗、種植、監測、收成、分類與銷售等工作的農場工作人員。與水耕及氣霧耕系統相關的新產業將成為新的「矽谷」專門產業，還有精密電子公司製造各種所需的儀器設備，包括種子發芽機、營養供應監測系統、作物收成機等。各種專業工作人員必然會組成不同組織，來服務各式垂直農場產業，例如公寓、餐廳及醫院的屋頂小型農場的老闆。在大型垂直農場周邊也將出現加值的加工製造產業，進行魚、蝦、貝類及家禽肉品的加工，並利用其終年都能供應新鮮水果與蔬菜的優勢。生產穀物並非絕不可能，磨坊也可以開在都市裡。一些終年都能生產啤酒花與大麥的垂直農場，甚至可能帶動城市啤酒廠的新風潮；垂直農場裡栽種的釀酒葡萄，也將能讓葡萄酒像瓶裝水一樣普及。

過去五年來，開發程度較低的國家經歷多次的農作物歉收，主要肇因是洪水及乾旱等惡劣的氣候。世界各國領袖只要有聚會，無論會議的地點或目的為何，都一定會有關於制訂新策略以對抗飢餓與貧困的演說，也都會指出，若要扭轉劣勢，第一優先就是從農業下手。隨著全球許多地區面臨高度壓力，農業發生重大問題，城市化的速度已遠高過出生率，大多數移民都是農民與他們的家人。還有

什麼人能比這些原本就深諳農耕的人更適合在垂直農場工作？為新發展的垂直農業創造新的工作機會，它的前景看起來是一片光明的。

10. 將灰水淨化為飲用水

　　黑水去除固形物後就變成灰水，每個城市每天都會排出大量灰水，例如紐約市每天生產並排出十億加侖的灰水。每個社區都有責任要以不傷害環境的方式來丟棄廢物，這是配合所有市政環境規範的基本計畫，但事實證明，廢棄物管理往往窒礙難行且維護起來非常花錢。美國每一年都得花費數十億美元，研究處理都市液體廢棄物的新方法，現在正是時候讓我們了解：這些人體代謝產物是有潛在價值，我們必須把它變成可回收的資源，並運用某種形式的高科技焚化技術，來抽取固體廢棄物中的能量。

　　針對灰水的回收，解決之道在於植物，它們因此被稱為有生命的機器。總之，植物從根部吸收水分，經過葉子，然後排入大氣中，藉此獲得所需的營養。這個過程稱為蒸散作用（transpiration），讓植物能夠攝取以元素及有機氮形式存在的養分。這些元素及氮留在植物組織裡，成為植物體新生長部位的組織，而水分則透過葉面上稱為氣孔的的微小孔隙不斷蒸散。我們可以利用這種基本的植物生理作用，在專門用來淨化水質的垂直農場裡輕易完成灰

水的整治。在這種情況下，種植出來的植物不會變成某人餐盤裡的生菜沙拉，因為從公共健康的角度來看，這未免太過冒險。灰水被植物吸收並通過植物組織淨化成純水，而後排入垂直農場的封閉大氣中，此時便可擷取蒸散的水氣。我們只需要室內空氣除濕設備，就能回收我們吃喝之後所產生的水。要徹底淨化灰水或許需要兩次蒸散作用，但一旦實驗系統建立好並開始運作，或許最後證明並不需要如此。

在傳統的溫室裡，潮濕的空氣透過窗上的風扇排出室外，如果紐約市依據上述策略也建立一套水回收系統，並以每加侖兩美分出售，紐約市一整年所產生的灰水將變成價值 7.2 億美元的飲用水。長期來說，若考慮該市現在花在處理及排放污水的費用，這將是一大筆意外之財。伊利諾州參議員埃弗里特・德克森（Everett Dirksen）曾經說過：「這裡十億，那裡十億，很快你就是在講真正的錢。」

11. 以採收後的植物材料作為動物飼料

如果垂直農場要使用大量電力來種植作物，節能將會是需要考慮的問題。在這種情況下，焚化採收後的農作物殘渣，將是個可行的能源回收策略。在不需要發電的情況下，剩下的植物材料可依作物的種類作為動物的飼料。

Courtesy of Peek & Cloppenburg KG (www.peek-cloppenburg.de)

專為垂直農場設計，有弧度、非常透明的建築

垂直農場的設計必須能充分利用自然光照，如此才能大幅提升能源效率，而且甚至可能完全不必仰賴公共供電系統。垂直農場蓋對了方位，可以在白天接受到最多的日照，是另一種充分利用太陽光的作法。

以此圖為例，垂直農場可能是新月形的透明建築，若要讓陽光進入垂直農場的背面，可能需要用到特別設計的拋物線鏡面，目前市場上已經買得到這種反射光線的裝置。某些垂直農場或許還需要光纖，提供個別植物所需的光照。

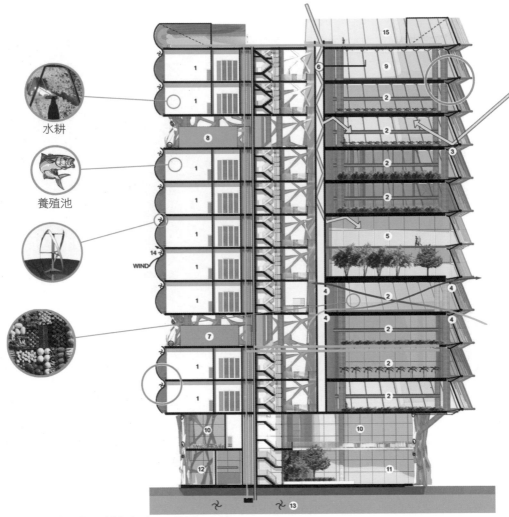

水耕

養殖池

WIND

Oliver Foster / O Design (www.odesign.com.au)

自然水 ▬▬
過濾水 ▬▬

ODESIGN 在澳洲設計的「可堆疊」垂直農場

1. 水耕、氣霧耕、加工或暫存區（混合）
2. 作物區（大型作物栽種）
3. 反射邊或採光架
4. 策略性放置的通風口，可提供多種通風方式（進一步滿足不同種植方式的需求）
5. 果樹區（較密集耕種）
6. 光管—將自然光最大化
7. 工廠樓層（位置可彈性調配）

8. 貯水樓層
9. 餐廳
10. 自助餐／餐廳
11. 入口
12. 儲藏室
13. 水力渦輪發電機（因地制宜）
14. 風力渦輪發電機
15. 屋頂農場

Oliver Foster / O Design (www.odesign.com.au)

（左）魚產養殖非常適合與室內農耕搭配進行，因為養殖魚類會產生富含養分的水，
能夠用來種植植物和作物。一座容量5,600公升的魚池可以養800隻魚。

（右）Omega花園轉輪是一種水耕溫室

- 每一座只占14平方公尺的樓板面積
- 旋轉能使植物產生油分，有助於加快生長及增進風味
- 使用LED燈（18.2千瓦／天）
- 用水比傳統農業省99%

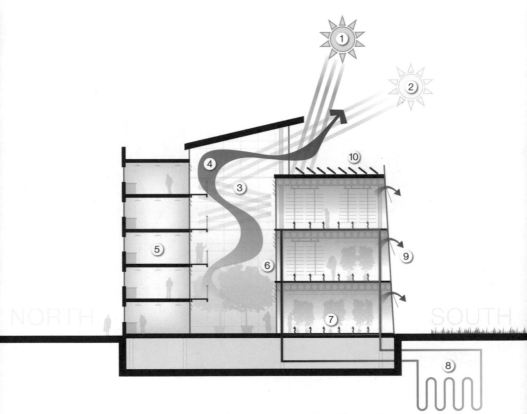

Courtesy of Dan Albert / Weber Thompson (www.weberthompson.com)

能量系統

1. 夏季的陽光　　　　　　　6. 從溫室排出的暖空氣

2. 冬季的陽光　　　　　　　7. 熱輻射地板

3. 反射的光　　　　　　　　8. 地源熱沓迴圈

4. 熱煙囪效應　　　　　　　9. 可調式通風口

5. 北方—低熱質量（thermal mass）　10. 光電板

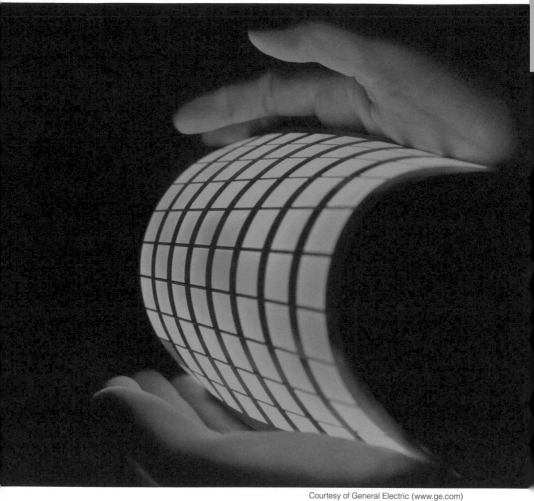

有機發光二極體（OLED）

要使足夠而正確的光進入垂直農場，可能必須藉助目前漸趨成熟的新科技。一般鎢絲燈所產生的光，波長範圍對植物毫無用處，因此用在溫室是相當沒有效率的。螢光燈也是一樣的狀況。目前既有的發光二極體（LED）可設計成只發出相當窄的波長範圍的光，主要在400–700奈米之間，所有較高等植物都可利用兩種葉綠素，葉綠素a及b，來進行光合作用，這些葉綠素正好能吸收這兩種波長的其中一種光。

LED燈固然好用，不過如果能把發光的有機化合物塗在塑膠薄膜上（OLED），對光線波長的控制將更好，因為OLED能使波長縮短到完全符合高等植物的需求，光照設備消耗的能量更低。此外，由於OLED照明是由可彎折的薄膜組成，因此可以設計成特定形狀，用來提供個別植株的光照。

Courtesy of Jung Min Nam / JN_Studio, Thesis Project at GSD Harvard University, 2009 / Advisor: Prof. Ingeborg Rocker

自然通風

小規模的貫流通風：透過貫流通風的局部性被動通風

高塔、住宅及辦公樓層：每一間住家及辦公室都具備貫流通風，半開放的農作區及溫室沿著中央煙囪帶動整棟建築的通風。

污水淨化系統：好氧生物反應器需要的開放空間能透過煙囪效應來加強帶動空氣向上流動。

主要農作區及天井：農作區具備貫流通風，同時藉由與內部空間的連結產生煙囪效應通風。公共休憩區的大型通風口有助整棟建築的煙囪效應通風。

通風

地管(earth tube)
出氣口

夏季的陽光(18°C)
冬季的陽光(-8°C)

透過熱質量通風
可調式通風口

地管
通風口關閉
通風口打開

西生菜
番茄

地板格柵使煙囪效應得以產生

來自社區菜園的乾淨空氣
地管入口
來自社區菜園的新鮮空氣
社區果園
社區菜園

新鮮空氣
地管
溫暖空氣排出口

來自社區菜園的新鮮空氣
水泥保溫承重牆

Courtesy of Eurofresh Farms

美國亞利桑那州的歐鮮農場（EuroFresh Farm）

這座占地318英畝、運作相當成功的商業溫室農場，位在美國亞利桑那州威爾科克斯不毛的沙漠之中，該農場利用深及岩盤的井水供應農場所需，並循環使用這些水，唯一會把水分帶離該農場的，是番茄及小黃瓜等作物。它所生產的農產品，在品嚐大賽中得獎，在在證明室內種植絕對可以替代現有的傳統耕作方式。把類似歐鮮農場設計的這種高科技室內農場一層層「堆疊」起來，就能夠創造垂直農場，且能建造在市中心附近，全年供應市民方便、新鮮、健康的農產品。

垂直農場的形式與功能

變化是生命的本質。
欣然放下身段,成就更好的自己。
——佚名

配置最完備的垂直農場應該包含一群彼此相鄰建造的建築物，這些設施包括：種植糧食的建築；管理人員的辦公室；負責監控設施整體運作的獨立控制中心；用來育種及讓種子發芽的育苗中心；監測食品安全、記錄每種作物營養狀態及監測植物病蟲害的品管實驗室；一棟容納垂直農場工作人員的建築；開放給一般大眾的生態教育暨旅遊中心；生鮮市場以及餐廳。水產養殖與家禽將安置在鄰近的另一棟獨立建築，不能與垂直農場設施有任何實體接觸，以確保作物的安全。我這裡所要討論的，將僅限於以植物為基礎的農業所需要的建築設施，至於室內水產養殖及家禽飼養相關的有趣主題，將放在後續有關生態城市的論述中。在垂直農場飼養四隻腳的家畜不但不切實際，也不人道，話雖如此，我還是不傾向對垂直農場所培育的動植物種類有任何設限。在許多社會中，豬往往是一般農場的副業，但是，我想不會有人考慮在房子裡飼養山羊、綿羊或牛。

　　「形隨機能」（Form follows function）是地球生命最重要的原則，環境會從大自然的每個層級裡選出最能符合這個「金科玉律」的例子，包括生命組成分子的形狀與作用方式。鳥與蝙蝠的飛翼都有許多共通之處，顯然是因為兩者都具有飛行能力；鴕鳥有肌肉發達的長腿用來奔跑，主要是為了逃避掠食性動物，而蜘蛛細長的腿則有八個關節，使牠們能夠在又細又黏的蛛網上靈活地操縱身體。人

類在設計東西時也是一樣的道理，美國建築界公認的大老級人物路易斯・蘇利文（Louis Sullivan）以豪氣十足的有力語氣說明了這個概念，就好像上帝允許摩西為人類體態的美學再加上第十一條誡律時，他也會這麼說：「這是一切有機生命、一切實體及形而上的事物、一切人類與超人類事物、一切頭腦、心臟、靈魂的真實表現，都得要遵從的普世定律：生命因表現形式而能辨識，形式永遠跟隨功能。這是定律。」

在規劃垂直農場時，建築師與工程師必須以這個關鍵概念為本，因為建造垂直農場必須要能滿足作物的需要，而不一定滿足人類的需要。如果不能有好的科學基礎，將所有環節加以整合，勢必會重蹈生物圈二號〔註1〕的覆轍。儘管目前還沒有任何建置成功的垂直農場，但還是可以先建立一些通則性的概念，以便未來能應用於各種形式的垂直農場。過去三、四年來，這種在市區高樓建築裡進行室內農業的概念，已經慢慢發酵匯聚成一鍋獨特的點子大雜燴。這個「反應混合物」裡，除了我課堂上的腦力激盪之外，還包括無數的投入：就著半杯葡萄酒的深夜談話（請注意，我可沒說究竟有多少次喝光了杯裡的酒）；在面對眾多專業團體做完報告後，還繼續疲勞轟炸的問答及討

註1：相對於生物圈一號──地球而命名，位於美國亞利桑那州圖森市以北的沙漠中，占地面積約1.5萬平方米，是一個全封閉的巨大溫室。1991年9月26日由八名科學家進駐展開這項世紀實驗，最後因氧氣含量一直下降而結束實驗。

論；以及在學校的建築、工程與規劃科系的學術講座。我也曾受邀在美國農業部及美國國際發展署的分支機構裡報告我對垂直農場的想法。從2000年開始構思這個計畫以來，現在我終於可以描繪出垂直農場可能的樣貌。我多次與跟我同樣對都市農業有熱忱的人交談，藉此讓我的想法更為細緻，甚至細到實際的執行方式。令人驚訝的是，我很少得到負面的回饋，要我重新修正我的努力方向，也很少聽到有人說我太過瘋狂，或垂直農場根本不可能「起飛」。許多有關垂直農場的設計草圖（在本書彩頁以及垂直農場的網站www.verticalfarm.com都可找到），都是在這些討論之前就有的。這些神奇且通常相當前瞻的設計，絕大多數都是有人主動提供的，它們突然出現在我面前，相當能夠啟發新的思考，令人激賞，完全不需要我來提示有關功能方面的問題。因此，這些繽紛、富創造性的想像作品更像是「外觀取勝」及「條件假設」的創作，而非務實的應用。

接下來要談的，是以建構實驗性的垂直農場原型及相關的重要建築設施（苗圃、實驗室、監控中心）為基礎，這在第4章首度提及。這種農場將採中等高度，也許五層樓高，約莫占市區街廓面積的八分之一。內部空間將靈活設置，讓室內控制農業科學的研究專家團隊可以有最大的自由度，能配置及重新配置施加於農作物的條件。他們將與當地的消費者社群、一群材料科學家及結構工程師緊密

合作，採用目前最先進的農作物選育設備，以及量身訂造的水耕與氣霧耕設備。毫無疑問地，利用這些理想的研究條件將能發明許多新的種植模式。所有針對各種應用方式的實驗，最後的唯一目的都將是盡可能提高垂直農場的產量及利潤。

垂直農場建築

大多數作物能忍受的溫度與濕度範圍都相當廣泛，如果有需要的話，室內農場可以在同一個房間裡混合搭配種植各種不同的植物，只要當中每一種植物的根系都固定在一個最適溫度。在這種設計之下，農民若能善加管理溫度、濕度及作物安全，就能得到好的收成。這就是「三位一體」的室內環控農業。

在設計任何垂直農場時，設計師及工程師必須考慮四個重點項目：

1. 擷取陽光並均勻分散於所有作物
2. 擷取被動能源作為可靠的電力來源
3. 設置設計完善的屏障系統以保護植物
4. 盡可能使農作物有最大的種植空間

建築物所採用的材料完全視植物的需要而決定，其次才考量垂直農場工作人員的需求。這當然不是說環境條件會讓人類無法忍受，相反地，應該是植物與工作人員都可以很舒服，因此應該將建築物內的溫度及濕度維持在一個非常宜人的工作條件，同時能使作物達到最高產量。

1. 擷取陽光並均勻分散於所有作物

我們的波長一樣（觀點一致）

　　要為植物設計一個大型的安全家園，需要能非常了解不同植物的需求，以及如何搭配各種因素讓它達到最高產量。已經了解植物內部運作方式的讀者可以跳過這一段對光合作用的簡短探討，直接閱讀下一節。對於不熟悉基本植物生理學的讀者，以下資訊可能可以解答許多關於家庭盆栽老是種不好的疑問，希望能幫助你從植物終結者變成園藝專家。

　　植物與動物有幾個基本的不同點，植物的生長需要水及少量元素，包括二氧化碳、有機氮與陽光，其中最關鍵的是陽光。植物之所以只需要少量元素及陽光就能生長，是因為它的主要組成是一種稱為葉綠體的微小胞器，每片葉子有好幾十萬個，這是動物沒有的。這是一種複雜的結構，具有自己的基因組。葉綠體內的葉綠素是一種綠色的化合物，能捕捉陽光裡的光子，然後將光子轉換成化學

能，用來將二氧化碳中的碳連接在一起，形成糖類及其他
植物特有的產物（如纖維素）。在光合作用的過程中，植
物排出二氧化碳中的的氧，進入大氣，提供所有動物生存
所必須的基本元素。當我們吃植物時，我們從植物的組織
獲取糖類（當然還有其他營養素），我們將自己吸入的氧
氣與糖分子中的碳原子結合，每一個碳原子與兩個氧原子
結合，產生二氧化碳以及以三磷酸腺苷（ATP, adenosine
triphosphate）形式存在的化學能。然後，我們使用這些化
學能來建構自己的體組織，並呼出二氧化碳廢氣。植物吸
收二氧化碳，並重新開始另一次循環，這是一個了不起的
相互關連。特別要強調的是，垂直農場除了生產我們需要
的糧食之外，也能從大氣中封存大量的二氧化碳，而且最
重要的是，會產生很多、很多的氧氣。因此每當有工作人
員在垂直農場裡呼吸時，你幾乎可以聽到植物在說：「謝
謝你。」

　　葉綠素主要有兩種形式，包括葉綠素 a 及葉綠素 b，
兩者都能吸收可見光譜裡兩個不同波長的光，藍色及紅色
（約400－700奈米）。植物還含有許多其他的光合色素，
例如類胡蘿蔔素，但它們對光合作用貢獻較不重要。必須
了解的是，並不是所有陽光裡的能量都能供應植物生長，
達到最高產量，我們可以利用這一點來建造植物專用的照
明，目前已經有專門設計作為該用途的發光二極體
（LED），大幅節省了能源的費用。相較之下，傳統的燈泡

有95%的能量都是以熱的形式散發（最起碼可以說它的效率非常低），而其餘光譜範圍較廣的光，對植物而言，大部分是沒有用的。由又薄又柔韌的塑膠做成的有機發光二極體（OLED）也即將出現。這些光源含有穩定有機化合物，能產生更窄光譜的光線，節省更多的能源與金錢，同時還能精確提供植物所需。此外，有機發光二極體還能設計成適用於任何配置的燈光，無論植物是什麼形狀，都能放置在距離最適中的位置。甚至可以將它們包在每株生長植物的周圍，為我們的糧食作物提供最節能的個別照明。

太陽出來了

世界上許多地區都能享有天賜的充裕陽光，例如中東、澳洲、美國西南部、非洲的撒哈拉以南地區，利用太陽作為作物種植能源的唯一來源絕對可行，值得強烈推薦。太陽能發電（Photovoltaics）能輕易提供運作任何電氣設備所需要的能量，而陽光則能提供作物生長需要的所有能量。將垂直農場設置為南北走向，將能擷取最多的陽光。窄、長且樓層不要太高（或許大約三至五層樓）、也許半英里長，可能就以這種配置為設計範本，在陽光普照且接臨城市中心的地方找到低廉且容易取得的土地。

內部較深的建築物，可以利用新開發的特殊複合塑膠材料所製造的拋物面反射鏡，類似Sunlight Direct公司所生產的產品，將它放在建築物外面及後方，先聚集陽光，

然後導引陽光照射到室內，而建築物的前面仍然能接觸到最大量的陽光。在戶外收集陽光的鏡面連接著光纖進入建築物，再進一步分配到各樓層，作為植物生長的能源。這兩種方法結合在一起，應該都有考慮到所有合理的設計，無論其形狀為何。月牙形的結構讓建築表面從每天太陽升起之後就一直能均勻接觸陽光，這種設計最能有效利用陽光的被動能源。在這種情況下，農場不需要其他的燈光，除非考慮將一些作物種植在二十四小時光照週期下。

看得見的農場

　　如果陽光是作物成長所需能量的主要來源，那麼垂直農場應盡可能透明。設計師與建築師有很多種透明材料可以選擇，玻璃建材成本低廉且耐用，不過比較脆弱且沉重。1950年代後期以來，玻璃與鋼骨的組合方式成為摩天大樓的主流。一些最為人所熟知的玻璃鋼骨結構建築，包括兩座紐約市早期的現代建築代表作，由SOM（Skidmore, Owings, and Merrill）建築事務所的戈登・邦沙夫特（Gordon Bunshaft）設計、在1952年建成的利華大樓（Lever House），以及由路德維希・密斯・凡德羅（Ludwig Mies van der Rohe）設計、於1958年完工的西格拉姆大廈（Seagram Building）。現代建築設計目前的趨勢是主張完全透明；紐約市第五大道的蘋果商店（Apple Store）就是一個很好的例子，可以預期，未來二十年還

會更多。現在甚至還可以使用特殊黏合劑，建造完全沒有任何金屬的全玻璃建築結構。需要說明的是，撰寫本文之際，黏接玻璃片的新黏合劑還只做了一年的磨損測試。要使全玻璃建築能夠隔熱是一個大問題，用雙層玻璃來節省能源，會使建築的重量與費用增加。

有一種解決方案是完全放棄玻璃，採用更輕、更耐用的高科技塑膠。回收透明塑膠（例如瓶子之類）做成窗戶的透明面板以及環保建築的構成模組，已經催生了一種新的建材產業。美國費城的基蘭廷伯萊克建築事務所（KieranTimberlake Architects）是這種建築工法的先驅，唯一的難處是，這些常見的塑膠材料會過濾陽光，往往擋住許多能使植物生長更有效率的光波，也因為過度暴露在紫外線輻射下，時間久了會變黃。現在有一種新的氟聚合物塑膠產品，稱為 ETFE 或四氟乙烯，具有許多優點，包括因為帶有靜電荷而能夠「自我清潔」，質量非常輕巧，只有同樣厚度玻璃的 2% 重；且透明如水，能使所有波長的光進入，並具有較高的抗張強度。最重要的是，它不會因為長期暴露在陽光下而變黃，因此遠遠優於市場上其他質量較輕的透明碳基聚合物材料。ETFE 已經應用於一些標誌性建築，包括由中國建築股份有限公司聯合澳洲 PTW 建築公司及奧雅納工程顧問公司（Ove Arup Pty Ltd）共同設計興建的北京奧運游泳比賽場館水立方，以及由建築師尼可拉斯・葛林蕭（Nicholas Grimshaw）與工程公司安

東尼亨特公司（Anthony Hunt and Associates）聯手在英國
南部興建的伊甸園計畫（Eden Project）。這些高知名度的
建案都使用了大量的ETFE，完工多年以來仍然完好如
初。採用雙層甚至三層ETFE作為建築外層帷幕，能確保
好的隔熱性，並降低使用大型空調主機或暖氣的需求。在
ETFE內部維持建築的正壓，也能創造隔熱效果。我會選
擇用鋁框及大片加壓的ETFE來建成我的農場原型，讓作
物能夠接受最大量的陽光。在垂直農場設置雙層門禁系
統，維持內部的正壓，將能保障農場的安全。這種配置能
大幅杜絕病原微生物及蟲害入侵生長區。

2. 擷取被動能源作為可靠的電力來源

土、風、火

在一年可有兩百天光照的地區，陽光可以成為作物生
長的主要能源，但如果太陽能是唯一可行方式，許多地區
將無法共襄盛舉。北半球的斯堪地那維亞半島、冰島、俄
羅斯大部分地區、加拿大、美國阿拉斯加，以及南半球的
智利、阿根廷與紐西蘭等地區都將必須利用替代能源，在
既有市政能源網絡外另闢獨立的能源供應。還好可選擇的
替代方案很多，且上述國家多半富含相關資源，包括地
熱、潮汐以及風力能源。

地熱

　　地熱資源豐富的國家，包括美國、冰島、義大利、德國、土耳其、法國、荷蘭、立陶宛、紐西蘭、墨西哥、薩爾瓦多、尼加拉瓜、哥斯大黎加、俄羅斯、菲律賓、印尼、中國、日本以及聖克里斯多福及尼維斯。地熱有以下幾種形式：自然湧出地面的蒸汽或溫泉，例如美國黃石國家公園；來自地表下方熔岩的熱能，如義大利、冰島、夏威夷等地都有。

　　第三種來源是地熱熱泵，目前已證明這是非常有用的現代化建築應用，且不局限於特定的地質構造，這種方法可用來冷卻或加熱建築物。美國能源部是如此描述這過程：「使用地球作為熱的來源／儲存槽，將一般稱為『迴圈』的管子埋設在需要控制溫度的建築附近的地下。迴圈可以垂直或水平埋設，它能將液體（水或水與防凍劑的混合物）循環流動，從周圍的土裡吸收熱量，或排出熱量到周圍的土中，端視周圍空氣溫度比土壤高或低而定。」一般家庭若要安裝這些設備，代價相當昂貴，因為它們還是非常新的技術，但是就像其他產品一樣，隨著需求上升，價格就會下降。只要安裝了之後，最後一定會有回報，因為能省下石化燃料，而且永遠不會對環境造成負面影響。盡可能將地熱熱泵技術應用到垂直農場的原型，將可確保農場永遠不會因為消耗能源而成為社區的負面資產。

在風中飄揚

能源大亨布恩・皮肯斯（T. Boone Pickens）認為，新的「石油」是風力發電，他把整個美國中西部地區視為下一個沙烏地阿拉伯。根據他自己的計算，美國若能將這個地區轉變成風力發電，將可以省下石化燃料所需能源總經費的20%左右。該地區平坦的地形是得以發展大型風力發電的主因，其他風力強大的地區是全球各地的海岸地區；距離南北極愈遠的地區，因為地球自轉而產生的風更為強勁且穩定，因此，只要地球繼續轉動，我們就有源源不絕的風力。今天，許多國家都已投入使用這種資源，藉以大幅減少能源經費，同時也改善了空氣品質。這些國家包括加拿大、美國、德國、西班牙、荷蘭、丹麥、瑞典、印度及中國。

第一代風力發電機運用的原理與老式的荷蘭風車一樣，這種設計雖然也能很有效率地捕捉來自轉動大型螺旋槳而產生的力量，卻也有它獨特的一些問題，是先前料想不到的，例如造成大量鳥類死亡。此外，外露的葉片因為表面逐漸堆積昆蟲屍體，產生摩擦，最後將愈轉愈慢。早期發電機模組所發出的電力並不像理論值那麼多，但卻是孕育這乾淨能源產業的開端。新一代風力渦輪機的體積比原來的老機型更大，並配備更高效能的發電機，因此渦輪機轉動速度較慢，但每轉一圈卻能產生更多的能量，使鳥類來得及看見，因而能輕易避免撞擊，昆蟲屍體的累積速

度也就不像舊機型那麼快，清洗的頻率也比較低了。事實上，舊式的風力渦輪若改用新的發電機，它的效能可改善10－25%。總之，風力發電工程研發已大有斬獲，並一一克服了種種的問題。目前只有一個跟美學有關的問題尚未解決，反倒與功能無關。許多地區仍然可以聽見反對風力發電機組建置在自家附近的聲浪，在當地議會開會之前吵嚷不斷。

其他風力擷取設施是採用截然不同的配置方式，徹底推翻舊式風車模組的作法。有一種很成功的設計是臥式雙螺旋槳型風力渦輪機，外觀類似舊式手動割草機。這些新的裝置相當有吸引力、效能高，運作所需的風速比傳統風力渦輪機小。此外，它們的運轉機制相當安靜，不會對建築物造成額外的壓力，很容易附加在現有結構，不需要大興土木。結合風力發電與太陽能發電，藉由這種太陽能／風能擷取策略，將能有效地在白天及黑夜產生能源。

燃燒吧，寶貝

垂直農場能生產糧食，但也會產生大量不可食用的植物與動物副產品（也就是垃圾）。傳統的農業經營方式，甚至絕大多數的低技術溫室生產，通常是將採收後的殘餘植株犁進土裡，作為明年作物開始生長所需的部分養分，或丟棄到垃圾筒。有機材料，無論來自何種形式，都是任何能源回收系統所殷切需求的寶貴資源。請牢記一個事

實，在生態系統的字典裡，絕對不會有「垃圾」這個字眼。所有一切都屬於同一個大自然迴圈的能量回收循環，讓生命得以重生。如果垂直農場的運作方式就像自然的生態系統一樣，那麼作物的根、莖、葉，以及家禽與魚的內臟，都需要找到回歸能源網絡的方式。焚化是最實際可行的方法。這幾年來，許多垃圾能源轉換專家認為，堆肥是另一種處理都市廢棄物的可行方式。對小規模的環境來說，例如後院草坪剪下的草以及晚餐後的廚餘，如果是住在郊區的人家還是會製作堆肥，利用蚯蚓分解後的產物，也就是所謂的「蚯蚓大便」，來做成花園的肥料。不過，經過進一步分析後發現，若牽涉商業，堆肥的效率明顯太低：腐爛有機廢物中所含能源的80－90%經微生物作用後，可產生甲烷，換取10%的「投資報酬」，是一個沒有贏面的技術。此外，經過堆肥的厭氧消化過程之後，還是會有未消化的殘留物需要克服。

現在可以用產生更少污染的設備來燃燒生物質量，提高能源的生產效率，同時放出熱量來供應蒸汽渦輪發電機運作以產生電力。歐洲大部分國家現在都採用某種形式的焚化技術，來處理都市的固體及液體廢棄物，變成大量的寶貴電力。隨著電漿弧氣化（PAG）裝置的發展，任何固體物質都可在幾秒鐘內分解成元素。PAG是利用電流來產生高能量的電漿，它是物質的第四態。當兩個電弧在燃燒室中心會合時，便產生電漿，這種裝置需要先將這些材料

的顆粒變小，讓窄小的噴嘴能將它導入裝置中。就液體的城市垃圾來說，只需要加以稀釋，以達到適當黏稠度即可。電漿弧的高溫（約4000－7000°C）比太陽表面溫度還高，透過高溫裂解過程，所有通過電漿弧的化合物分解成元素狀態，釋放出來的熱量則用來產生蒸汽並發電。1公噸固體的生活廢棄物經過電漿弧氣化後，可產生大約800度的電力，可以加入供電網絡，或直接提供垂直農場使用。這個過程本身所使用的能量，是所生成能量的六分之一。另一個優點是最後完全不會有需要處理的殘留物。從收成物不能食用的部分（莖、葉、根等）回收能量，能讓垂直農場的能源效率提升，也可作為示範，讓整個城市採用類似處理方式。

3. 設置設計完善的屏障系統以保護植物

寧願安全不要遺憾

　　糧食安全及食品衛生是一體兩面的問題，也是垂直農場管理團隊必須列為首要考量的問題。兩個問題都相當重要，因此促成美國農業部及國土安全部共同提出了一項食品安全計畫。在作物尚未收成上到餐桌之前，室外農耕代表著作物以及所有想要搶食者之間的生死戰，這是一場開放、毫無限制的較勁。大多數情況之下，室外農業的控制策略，是由許多限制特定蟲害或疾病擴張的計畫所構成，

應用殺蟲劑或除草劑，或只摘採受影響的作物，甚至可能摧毀一整年的耕種成果。在室內種植，情況將大不相同，而且更能控制。第一步是將正壓技術使用在種植作物與育苗的建築，以摒除不必要的訪客。設計雙重門禁入口，將更進一步保護作物免於昆蟲及微生物的侵擾。必須要求所有工作人員換上消毒過的丟棄式防護衣、鞋及頭罩，並在更衣之前沐浴，如此可減少作物因「搭便車」的害蟲而損害的風險。由於垂直農場已經不再需要肥料，因此植物遭人體病原體污染的風險將完全消除。要預防人體病原感染作物，必須在最開始時（之後每年一次）針對所有垂直農場的工作人員進行一系列實驗室檢測，篩檢沙門氏菌、鞭毛蟲、環孢子蟲及類似病原的帶原者（見第178－180頁的列表）。垂直農場作物不會有受到動物病原體如O157:H7型大腸桿菌污染的機會，因為農場裡或附近任何建築都不會有大型草食動物。如果垂直農場真的發生了安全漏洞，造成作物污染，第二天馬上就可以處理銷毀作物的事情。一旦找到安全漏洞並修復後，垂直農場便能在一段合理的時間內全面恢復生產。在戶外種植，農民必須等到第二年春天才能重新開始，而且往往還是發生同樣的災難。挫折的確是戶外農民的魔咒。

藉由糞便傳播的感染

病毒類

輪狀病毒

A 型肝炎

E 型肝炎

小兒麻痺病毒

諾羅病毒

腺病毒

星狀病毒

細菌類

傷寒桿菌

痢疾桿菌

霍亂弧菌

O157: H7 型大腸桿菌

空腸弧菌

幽門螺旋桿菌

難辨梭菌

真菌類

原生動物

痢疾阿米巴原蟲

梨形鞭毛蟲

人芽囊原蟲

微小隱孢子蟲

環孢子蟲

微小阿米巴原蟲

蠕蟲類

鉤蟲

鞭蟲

蛔蟲

牛羊肝吸蟲

曼氏血吸蟲

日本血吸蟲

異形異型吸蟲

泰國肝吸蟲

衛氏肺吸蟲

中華肝吸蟲

　　這裡必須提到另一種早期偵測入侵微生物的想法，雖然它還處於尚未成熟的雛形階段。想像一下，應用基因工程改造的非食用植物（第一個想到的理想候選植物是阿拉伯芥〔arabidopsis〕），利用分子生物學方法來偵測各種植物病原菌。可以將類似綠色螢光蛋白之類的報導分子與病原微生物的 DNA 片段黏合在一起，植入這種植物，這些植物就好像「礦工籠子裡的金絲雀」，它們被穿插種在作

物之間，只需在夜間關閉燈光、打開紫外線燈，就能夠分辨遭病原體感染的植株，因為它會發出綠光。然後，可以輕而易舉將這區作物剔除，留下整個樓層的寶貴作物。這只是一個想法。

4. 盡可能使農作物有最大種植空間

　　如何配置垂直農場的各樓層，完全取決於所選擇的作物種類。隨著水耕產業的成熟，許多不同的生長模態將會出現，以迎接使所有室內種植作物達到最高產量的挑戰。今天，我們在水耕技術方面已經有足夠的經驗，能提供目前可得的最基本要素，以及以現在的進步速度來看，預期未來幾年可以有的技術。在傳統水耕設施下，許多植物在具有孔洞的管道中「安逸地」生長，植物之間保持差不多的間距，如同我們在傳統土耕農地看到的一樣，包括番茄、西生菜、菠菜、紫萵苣、四季豆、辣椒、小胡瓜、小黃瓜、哈密瓜以及其他同類的植物。穀物在片狀的惰性材料上最容易生長，這種材質類似空調過濾器的海綿狀玻璃纖維。一種用氣霧耕種植穀物的新方法，是使用以滌綸（Dacron）為基礎的人造纖維布料作為基質，將種子灑在上面讓它發芽。營養素從布面下噴灑，光照成為最大的挑戰，特別是在同一生長空間裡種了好幾層的相同作物時。水耕堆垛是採用滴灌方式種植盆栽植物，如草莓、茄子及

酪梨，連玉米都可以種植在大型的水耕槽，通常每個槽可種六株玉米。每株植物可長出三穗，大約在八到十星期內達到成熟，估計每年至少可以收成五次。如果要的話，這個種植系統還可以重新配置成傳送帶式的水耕系統。事實上，在垂直農場進行玉米的室內生產真的可能相當賺錢，同時還能讓許多土地休養生息。

管道的材料可以有很多選擇，但現今大多數水耕與氣霧耕設備都是以各種塑膠材質做成。聚氯乙烯（PVC）塑膠很容易取得，是最常被用來建造水耕栽培系統的材料。從PVC會浸出有毒的鄰苯二甲酸鹽到營養液中，這是一個問題，先用稀釋的硫化物溶液處理PVC能減少這問題。這個處理方式讓塑膠材質交叉連結，將鄰苯二甲酸鹽永遠地封在其中，以去除潛在的健康風險。不過，基於環保考量，有些人反對使用任何塑膠材質，擔心塑膠材料被丟棄後造成污染。任何一種塑膠垃圾堆積在垃圾掩埋場及水域，例如開放的海洋，是絕對令人震驚且無法接受的。現在已經可以藉由一些友善環境的焚化方式來預防這種污染。我同意在傳統的（即技術門檻低的）焚化爐焚燒任何塑膠製品會產生有害化合物，對人體健康有嚴重的風險，但利用在電漿弧氣化系統將PVC及其他塑膠聚合物製品加以氣化，就可以輕易避免這種情況。如果我們真的夠聰明，也許可以利用不同直徑的空心竹筒，完全不再使用塑膠。竹子是生長最快速的植物之一，它很強韌，長期處於

潮濕狀態也不會腐爛，也可以配合所需管道的直徑大小來收成。

　　毫無疑問，未來幾年後，隨著垂直農業更趨完善，我們將能成功發展出所有主要作物生長空間的配置方式。在那之前，就使作物產量達到最高的這個最重要課題來說，我只能提供這僅有的少許模式建議。

從搖籃到作物

　　垂直農場的建築一旦建造完成，下一步將是購買及接收原料（也就是種子）。對任何作物來說，種子的來源都不是個簡單的問題，因為每個作物都有許多不同品種可供選擇。幸運的是，現在有專業提供種子的公司（如西傑司種子公司、佛羅里達種子生產者基金會、好種子公司、尼西德種子公司等），能供應戶外種植及水耕栽培，它們的名字也常見於溫室產業的相關出版物。我發現《水耕及溫室實務》（*Practical Hydroponics & Greenhouses*）是一本特別有用且內容豐富的出版品。聯合國糧農組織是另一個非常好的資訊來源，還有美國農業部。有些種子生產者有自己研發的基因工程作物，尤其是玉米和黃豆，能夠對抗乾旱及除草劑。其中，孟山都公司對於種子的生產與使用都有嚴格的政策規定（參見《食品公司》（*Food, Inc*）影

片）。在我看來，刻意限定種子的用途，將限制它們在大型戶外商業種植的應用，因為它們經常得面臨惡劣的天候及雜草入侵等問題。整個垂直農場背後的理念就是為了要在一開始就避免這些問題。

種子必須先進行表面的淨化，然後送到診斷實驗室測試微生物病原體的存在，以免種子成了特洛伊木馬把病原帶進農場。一旦證實沒有病原，種子將被送到苗圃進行品管測試並發芽。苗圃與接收設施必須獨立分開，因為若有任何病原體可能入侵垂直農場，苗圃一定首當其衝。由於發芽的幼苗最後還是要進入垂直農場，因此這棟大樓的安全必須加以維持。苗圃與垂直農場之間的連接方式，最有可能是採用安全性最高的加壓鎖系統。種子必須先經過發芽與生長能力評估，所有作物都來自於苗圃裡發芽的幼苗，種子發芽之後，還要再次測試有沒有第一次檢測時沒有偵測到的任何病原體。這些作物幼苗將被移植到垂直農場，在水耕和氣霧耕環境下生長。所有作物的生長與營養狀態都經過遙測系統持續監測。苗圃裡有許多勞力密集的工作，可以為園藝專家創造許多新的就業機會。

涼爽、清澈的水

垂直農場的水將用來進行水耕與氣霧耕栽培，也供應

工作人員淋浴及飲用。它可能有幾個來源，依據農場的地理位置以及都市社區回收灰水的能力而定。應當盡可能使用最高品質的水，這通常意味著需要鑽水井，或從河流、湖泊、水庫取得水源，過濾之後再用來耕種作物。環控農業最大的好處是，它是一種「閉環式」的系統，因此可以在每一個樓層裝置除濕系統，來捕捉植物蒸散作用產生的水氣。相較於以泥土為基礎的傳統戶外農業灌溉計畫，這是一種高效能的農業用水系統。如前所述，在閉環式系統中，水耕的用水比傳統耕作方式大約少70%，而氣霧耕又比水耕少用70%的水。無論是水耕還是氣霧耕，都是很大的改善，對世界上許多水資源已經短缺的地區而言，轉換為垂直農業是唯一能提供更多可飲用水源的合理方式。正如前文也指出，在垂直農場的生產模式下不會有農業逕流，如果可以大規模推行垂直農場，將可能消除農業逕流造成的海洋污染。如果想要恢復世界各地河口的生產力，垂直農場勢在必行。

吃什麼？

到底什麼作物可以在室內種植，這是個常見的問題。答案令人驚訝：「任何你想吃的都可以。」想證明這點，你只要造訪任何一個維護良好的植物園，例如，英國倫敦

的裘園、美國紐約市的布朗克斯植物園、聖路易斯的密蘇里植物園。在這些令人驚奇的設施裡，幾乎每一種外來植物都可以生長。例如，紐約植物園就種植了全世界最大的花（而且是最臭的），大王花，這種花相當罕見，生長在茂密的印尼熱帶森林裡，與世隔絕。幸運的是，它很少開花，否則整個地方都將充滿腐肉的臭味。如果園藝技術可以成功種植這類奇花異草，那麼任何事情都是可能的。至於食用的植物，在選擇種植的種類之前需要考慮幾件事情。首先，是經濟上的考量。這種作物值得種嗎？農民可以在每次收獲之後都能賣光，而且賺錢嗎？是否可以預售給商業買主？如果是的話，以利潤作為某些垂直農場的主要驅動力，是最好不過的了。到目前為止，已經有一些銷路較好的蔬菜種植成功並獲利，包括番茄、西生菜、菠菜、小胡瓜、青椒、四季豆等，草莓也已成為室內種植的明星農產品。但是，這些作物幾乎都還不足以解決世界的糧荒問題，我們更需要的是小麥、大麥、小米、稻米及馬鈴薯等基本作物。我們能不能在室內種植這些作物？答案仍然是肯定的。這些作物都曾經用水耕方式栽種過，如果種植成功，意味著一個幾乎所有糧食都要靠進口的國家，現在能在國境裡生產供應本國人口所需的健康飲食，那麼賺錢反倒是其次。由政府資助的糧食生產計畫，能提供誘因及補貼，有可能成為決定性的經濟因素，使垂直農場得以生存甚至壯大，能生產在自由市場經濟下通常無法獲得

足夠利潤因此不受重視的作物。

「國家永續農業資訊服務」網站（http://www.attra.org/）有許多非常有用的水耕農業相關訊息可以參考。我們會看到，無論是哪一種料理，垂直農場生產的作物選項可能遠超過任何消費者的需求；當然，來自家畜的肉類例外。

不斷的調整

毫無疑問，在設計、建造，乃至於經營垂直農場時，還有許多議題需要考量，但我認為最重要的幾項基本要素以及通用系統的課題，目前都已經討論過，儘管還只是簡略的行動綱要。各領域的細節，還需要有建築、農藝、工程等各領域的專家團隊一起坐下來集思廣益，才能擘劃出垂直農場原型的藍圖。我不敢宣稱現在已經有足夠的專業知識或洞察力，可就本章所討論的任何議題提供更高層次的說明，因此，我擔心我們必須等到這樣的團隊到位，並下達動員令之後，才能知道接下來的結果。不過，我還可以處理另一個尚未談到的議題，那就是垂直農場的工作人員該有哪些，以及垂直農場誕生後誰會是最大受益者。

Chapter 7

垂直農場的社會福利

我們唯一的安全措施就是我們改變的能力
——美國醫師兼作家約翰‧禮萊

想要建立以城市為基礎的生態系統,必須以垂直農場為基石事業,任何城市若沒有糧食生產,就無法向功能完整的生態系統師法其優點;對兩者來說,生物生產力是關鍵,它是所有具生命之生物體有關能量管理的決定性機制。然而,如果城市能提供本身至少50－80%的農業需要,那麼很多永續性活動就都能實現,讓其公民擷取並回收使用自己代謝產物的能量及回收灰水。建立大規模的垂直農場,將在不損害環境的中心概念下啟動一項城市行為的徹底重塑。終究,它會為生活在城市的居民創造一個更健康的生活方式,使建築環境成為一個養育子女的理想所在,同時改善地球的整體環境。

不受控制的生長是癌細胞的哲學

　　建築師與城市規劃者都喜歡指述城市為「活的有機體」;城市有靈魂,有自己的生命、獨特的性格。他們喜歡以飄逸、浪漫、抽象的名詞來描述大都會,傷感的語句充滿創意,過程中往往還濫用基礎英語。我甚至還聽過有些很過分的陳述,說城市是一個新形式的「有機」超生物體,是從所有參與塑造其過去、現在與未來的集體能量中演化而生。如果這是真的,那麼,儘管住在城市裡有這種種美好的描述、炒作、隱喻以及名副其實的文化優點,但

　　從生態角度來認定，城市其實是一個怪獸般的寄生蟲，它吸光了龐大的地球原料，以吵鬧、製造污染的方式一口吞下其中的養分，然後在自家門口及更遠的地方吐出、噴出各種廢物。用自然世界的眼光來看，現代化的城市是個扭曲的水泥、鋼材、玻璃複合體，擠滿了侵略性很強的兩足動物；是個要不惜一切代價避而遠之的地方，當然，老鼠、麻雀、鴿子、松鼠、蟑螂等投機動物例外，牠們因為沒有大型掠食者而獲益。事實上，有一個沒有人類、運作非常成功的城市生態系統，充滿著神祕的夜間常客，前來消費路邊垃圾堆裡未使用的生物質量。舉例來說，據估計，紐約市每一個人能養活十隻老鼠，加起來一共是8,000萬隻老鼠。那麼，你覺得牠們都吃什麼？不是垃圾，這風險太大。他們的食物是大量的蟑螂、昆蟲，牠們很樂意找機會來享用市區裡超過2萬8,000家餐館每天產生的廚餘垃圾。當然，我們可以更加善用這些有機垃圾，而不是任它們供養及興旺這個蟑螂與老鼠的生態系統。

　　整個城市，不分地點，都已變得愈來愈手忙腳亂，它貪得無厭的胃口及失控的代謝機制，只會產生由污染的熱空氣及水組成的致命氣泡，以及機械化設備所產生的副產品，「大都會」已成為「消耗」的同義詞。這些負面的行為都是沒有計畫的，但過去百年來都市化所產生的破壞性，無論就地球被破壞的範圍，還是因不健康的生活條件而死亡的人數來看，都是所有戰爭加起來的一千倍以上，

而隨著新建築方法的建立，城市化的腳步還持續對自然世界造成更嚴重的破壞。相較於城市本身從周圍地景中崛起，用其進步的大腳將它夷平，酷斯拉只是個蹣跚學步的布偶。美國太空總署在網站上以喬治亞州的亞特蘭大市作為研究個案，利用LandSat記錄下的衛星圖像來展示這個城市二十年之間的擴展過程。歷史較悠久的案例研究包括阿茲特克人、馬雅人、羅馬人及其他衰敗文化所統治過的城市，在賈德‧戴蒙的大作《大崩壞》中有傳神的描述。

誠然，與那些直接把垃圾從窗戶丟上羅馬大街的古羅馬人相比，我們已經進步許多，但是，我們的「垃圾」往往還是一樣反過頭來困擾著我們。垃圾掩埋場、等待重新開發的都市「褐地」〔註1〕、鼠輩出沒的城市廢棄空地、非點源逕流、燃煤發電廠、各種煉油廠，更不用說各式車輛運輸，讓已經受傷的生物圈更雪上加霜。我們的所作所為就是一種侵占，甚至每次擴展市區的邊界時，通常也會產生相關的嚴重健康風險，尤其在熱帶地區。例如，穿越亞馬遜的公路建設造成築路工人感染數種新的利甚曼原蟲病（leishmaniasis），造成皮膚損傷；黃熱病在開發沿線變得更加普遍，無數野生動物也因為大量森林砍伐而滅絕。

現今的城市衛生危害有許多形式：空氣污染、水污染、噪音污染。例如，美國不少城市的空氣微粒及地表臭

註1：褐地（brown field），指受到經濟結構變遷或環境污染而廢棄的老工業區。

氧濃度都已經達到不健康的水平。一些最不適合養育兒童或讓年老人生活的嚴重污染地區包括匹茲堡、洛杉磯、紐華克到紐約、休斯頓、達拉斯，以及巴爾的摩到華盛頓特區。墨西哥市是世界上空氣污染最嚴重的城市，它的空氣受到來自汽車、公共汽車及卡車廢氣的油煙以及丙烷瓦斯爐所污染，嚴重到可以看得見污染物；流眼淚、流鼻水以及因氣喘而住院的案例遽增，沒有任何城市可以完全免於這種環境污染。飲用水是另一個重要的資源，水的品質差異很大，取決於所要討論的城市而定。2001年，自然資源保護委員會為美國許多大城市進行飲用水品質評比，最糟糕的地方包括波士頓、阿爾伯克基、鳳凰城、舊金山及弗雷斯諾。

我的狗比你的大

　　建築帝國主義不斷覆誦著一個新的詞彙：往上發展。建築體愈大並不意味著愈好，但現在的建築是愈建愈大。我在2008年3月杜拜塔成為地球上最高的建築體時造訪當地，建造這個建築的確切目的並不明確，連它的開發者都不清楚，而且還在考慮它該有多少層。這段期間，它耗去大量鋼材及混凝土，至少賠上一條人命。我們必須有所改變，或者……嗯，我想我已經花了許多時間討論這個令人

沮喪的問題。

我們需要放眼未來，並設法重塑自己成為技術－生物圈混合的實體，用可取得的最佳方式來重新配置對生態有利的方案，以解決全球氣候變遷與城市化之間的兩難問題。值得一提的，有些社區正往正確的方向規劃，利用封閉迴路來進行廢棄物處理及能源消耗等項目，如德國的沃邦（Vauban）、巴西的庫里提巴（Curitiba）、瑞典的韋克舍（Växjö）、加拿大多倫多、烏干達的坎帕拉（Kampala）。不過這些城市都還沒有將城市糧食生產納入其永續發展計畫中。

增進眾人利益

垂直農場能為建成環境帶來什麼好處？從哲學角度來說，要確證一種社會利益可能有點棘手，通常是先確立最主要的獲益者是誰。我喜歡的定義是這樣的：社會利益應能賦予任何特定社區的大多數公民。例如，飲用水加氟化物以防止蛀牙、食品檢驗的公共衛生服務、全民醫療保健服務（嗯……）、社會安全福利、公共運輸系統、公立學校、社區醫院，以及所有能夠「增進眾人利益」的類似措施。如果在真實世界裡這一切似乎太過理想，那麼，就這樣吧。

　　把目標定得高遠從來不會讓人吃虧，但我還是能想到幾個勇敢的政治家，例如，阿德萊‧史蒂文森（Adlai Stevenson）及比爾‧布拉德利（Bill Bradley），因為秉持這個理念而沒能選上總統。雖然我很希望垂直農場的主要受惠對象是世界上資源短缺的社區，卻也沒天真到相信結果會這樣；相反地，非常有可能，最開始設立的垂直農場可能只有少數人獲益（商業種植者），而不是廣泛的大眾。我的學生不止一次告訴我，他們非常擔心這個可能，無論用意有多好，最後恐怕只淪為那些金權企業的賺錢工具。不幸的是，對於這點，我恐怕無能為力，因為這個想法已經付諸公眾領域。就像第一台電視機、手機、汽車等等一樣，一開始的成本很高且相當稀有，似乎只有有錢人才有機會享用；而比較不那麼有錢的人只好稍微等久一點，才有適合他們的產品；窮人就必須等待更長的時間，但有時候他們也能跟一般人同步享用新產品，例如現代手機銷售的爆炸性成長（與成本降低）就是個見證，因此，窮人也可望能輕易享用垂直農場。

　　最初成立的垂直農場可能大多是原型，因此基本上是實驗性質，我並不認為會馬上嘉惠許多人，除了垂直農場的研究小組之外。政府機構可能會直接挹注經費，並發展供應大多數公民所需糧食的概念。挪威、瑞典、荷蘭、丹麥及澳洲等國家都很需要垂直農場，也有足夠的經濟能力可以資助這種長期計畫，如此一來，這些國家絕大多數的

公民都將能很快受惠，因為研究計畫可由政府委辦及補助而得到經費挹注。人類為了讓生活變得更好，而想出共同合作將人類基因體加以定序，這是個很好的例子。事情一開始都是耗時且需要很多勞力的，有用的技術創新都還沒個影子，而科學社群卻需要更快、更準確的結果，聰明的人類便絞盡腦汁去發明，想出了更新、更快、更便宜的機器，並使用至今。今天，經過了大約二十年的努力，我們還考慮為每一個物種的DNA定序。

全球思維，全球行動

從全球的視野來看，建立垂直農業所帶來的產業利益將能促成下一場綠色革命，這種產業將能帶來穩定的糧食生產方法，嘉惠世界上一些不穩定的地區，例如中東地區，現在正為稀少的水資源而爭吵不休、因有限耕地及惡劣的沙漠氣候使得人民飲食的選擇不夠多元。植物病蟲害（如小麥鏽病、稻瘟病）將大幅降低，而西非地區農作動輒因蝗災而蒙受嚴重損失的慘劇，也將成為歷史。就我們每天的糧食來源來說，這意味著我們終於能夠掌控自己的命運；對於經常缺糧的國家來說，這意味著不再有饑荒及營養不良問題；對於那些比較富有的國家來說，則意味著戶外耕地減少，更多土地可以回歸自然。這大概是建立垂

直農場的首要環保理由，我已經在第5章詳盡說明了正面效果。

很明顯地，垂直農場能在不對環境造成進一步損害的情況下，同時永續供應糧食。全世界所有孩子的健康狀況迅速改善，嬰兒因為飢餓而死亡，或因食物受到糞便污染而感染腹瀉等疾病，其比率將大為減少。這兩個最嚴重的公共衛生問題將因垂直農場而得到解決，尤其在一些因為嬰兒死亡率很高而驅動人口成長的地方，在這些地方，很少有孩子能活到成年，居民很自然地會多生一些孩子。一些急迫的公共衛生問題也將急劇減少，包括各式各樣的營養不良問題，特別是肥胖及第二型糖尿病等，發病率及盛行率都會降低。

垂直農業的全球化可能會引起一些與農產品有關的國際貿易協定問題，有必要根據不適合這種生產方式的農產品（如牛肉），來重新建立貿易協定。

全球思維，更在地化的行動

評估垂直農耕可能的社會利益，必須從文化層面上考量，因為每個國家都是獨特的，垂直農場產業所代表的意義也會跟著不同。我要把這個艱鉅的任務留給其他人，因為我並沒有想要逐一討論聯合國所承認的192個會員國，

描繪垂直農場在這些不同國家的可能樣貌及功能，這麼做根本就是愚蠢而狂妄的。然而，以政治制度為基礎來確證垂直農場的社會福祉，是一種讓不同形式的垂直農場概念可以顯現的方法，也是我覺得比較喜歡的討論方式。

我將從政府的穩定性課題開始講起，在太平盛世，幾乎所有事情都是可能的。但是，截至2009年8月16日為止，全世界約有三十來個國家正處於戰爭中或遭遇大規模的民眾騷動，沒有福氣可以建立某種形式的垂直農場。這些國家並不是不可能有垂直農場，只是他們不大可能有能力維持垂直農場；最有可能的是，反倒變成反對派的攻擊目標。這些不幸的國家，包括非洲撒哈拉以南地區的九個國家，因為動亂而面臨嚴重饑荒及各種傳染病的威脅，格外需要外界的救援。在第8章有關垂直農場的各種替代使用方式，我將討論建立一種類似戰地流動醫院的移動式垂直農場的可能，專門用來解決因為戰爭、內亂及自然災害而流離失所引起的飢餓及營養不良問題。

目前世界上比較穩定的政權中，屬於G20成員的民主國家將最有可能以阻力最小的方式，藉由政府資助的研究計畫加以鼓勵，讓私部門來發展垂直農場。社會主義國家如瑞典、芬蘭、挪威及冰島，將最有可能採取更積極的方式促成垂直農場的建立。中東地區的大多數國家對於垂直農業的概念有很大的需求，其中有些國家因為能生產大量石油及天然氣，而且由少數領導者（例如國王）所控制，

已有足夠財力，能夠輕易快速地集結工作團隊並提供資金。我猜中東將成為全球的垂直農場中心，而且會很快，不會太久。

　　世界銀行也可能成為一個提供垂直農場財務助力的重要角色，讓許多財力不足、但卻有極大需求的國家也能建立垂直農場。在撒哈拉以南的非洲地區有許多國家都屬於這種情況，例如：尼日、查德、馬利、馬拉威、塞內加爾、象牙海岸、中非共和國、烏干達、尚比亞、波札納、坦尚尼亞聯合共和國與肯亞。私人基金會及非政府機構也可幫忙促成其發展，最後，還有私人投資者也可以加入這個行列。

每天進步一點點

　　藉由各種應用研究使垂直農場的觀念愈趨成熟，以及各式各樣垂直農場開始進入自由市場之後，會有愈來愈多的市民因為能在農場裡找到工作或住在附近生活而獲益。這我敢肯定。一旦垂直農場的好處為人所知且受到多數城市社區所接納，那麼來自消費者的壓力將促成更多垂直農場的興建，為他們的城市帶來新的市場。住在垂直農場鄰近社區，意味著什麼呢？其實，答案相當簡單：工作、工作、更多的工作機會；各種不同層次的工作。要想像垂直

農場裡可能有什麼樣的工作機會，以及哪些人是社區垂直農場的最大受惠者，是相當容易的事情。垂直農場所能創造的就業機會數量及種類，與垂直農場概念的穩健性息息相關。早期的垂直農場會包含各種基本要素，不會有太多其他東西，儘管如此，專業技術人員，包括管理人員、開發商、建築師、工程師、規劃師、農藝師、廢棄物轉化為能源的專業人員、銷售人員、教育工作者、保全人員、實驗室人員（微生物學家、分子生物學家、技術員及主管），以及許多非專業的勞動人力，負責各式各樣的工作，包括負責採收及把農產品從農場送到在地的生鮮市場，乃至於管理收成後的廢棄物，這些都是垂直農場一旦建好之後所能提供的主要就業機會。每一種工作對農場建築的運作都有重要作用，而最重要的是，這些新的就業機會都將會是當地政府及社區領袖耳邊的樂音。

垂直農場的建築物就像空氣一樣透明，從地板到天花板都種了綠色植物，無論其最後的造型為何，都將徹底背離標準的玻璃鋼構建築模型。這是它必要的特性。事實上，除了好看之外，造型確實有它的功能，它將成為建築期刊、城市規劃者、設計學校、生態城市規劃專家、城市農民、未來學家、學齡兒童、報章雜誌及媒體的搶手貨，成為全球矚目的焦點。一些已經引起關注的這類建築物，包括在紐約市第五大道及第五十九街路口的蘋果商店，以及位在阿姆斯特丹的 ING 總部大樓。這兩個新的標誌性建

築成為城市的景觀，讓數百萬人轉頭注目。用玻璃建築來陳列展示城市高樓農業與垂直農場的美好，並在附設的生態學習中心展示它們對永續發展的重要貢獻，一定能吸引源源不斷的遊客想親眼目睹這個未來城市的新生嬰兒，進而帶來相當可觀的觀光收入。長期以來任由遺棄、敗壞的市中心區房產，將成為垂直農場的優質建築，因為所有事物都能自給自足，廢棄的褐地將不再構成問題。如此將能釋出大片邊緣土地，如陳舊的工業園區。市中心廢棄的空地能輕易轉換為垂直農場建築，不僅增加收入，提供地方政府寶貴的資金來源，也可消除「食物沙漠」。美國大部分大都市的市中心已經很少有像「全食超市」這種高檔雜貨店，市府官員每次被問到原因時，總是搬出各種藉口來搪塞，但最常見的原因一是產險保費太高，二是缺乏來自當地居民要求改善生活環境的政治壓力。

通常，市中心區的居民構成以少數族裔為大宗，包括亞裔、拉丁美洲裔及非裔美國人。將垂直農場帶進這些地區，將好像一道新鮮的空氣，能鼓舞士氣，特別是一輩子都住在這些社區的居民，以及在政治上被邊緣化而變得憤世嫉俗的人。由於垂直農場本身就是美的東西，能挑戰任何現代建築所表現的「最佳展示」，鄰近社區將非常自豪地歡迎垂直農場的入駐，為當地市容帶入令人驚艷的場景，期盼的程度不下於一座新公園。各種不速之客（老鼠、蟑螂）會大幅下降，因為垂直農場建成之後將實施更

新、更高效能、更少污染的廢棄物管理計畫。甚至可能還會有新的菜系出現，因為垂直農場每天二十四小時都能供應更多樣化的農產品。如果市區裡處處可見垂直農場，城市生活將開始反應生態過程的本質，來生產食物及回收廢物。當這個目標達成時，建立一個永續、健康的未來，將不再是遙不可及的承諾，那麼，這就是它最極致的社會效益：永續及繁榮。

垂直農場的社會福利

Chapter 8

垂直農場的其他用途

當人們看到下一步時，變化已經開始。
——美國律師威廉・德雷頓爵士

糧食生產只是垂直農場促進城市生活的正面功效之一，植物本身也能有各方面的助益，它們經常被稱為「活的機器」，這個名詞最早出自以環境整治工作著稱的系統生態學家約翰‧陶德（John Todd）。陶德在1969年創立了新煉金研究所（New Alchemy Institute），並開始設計微生態系統，建立在溫室中能自給自足的植物群落。他利用小規模的系統作為較大規模計畫的原型，使用特定植物從受污染的濕地、河口及湖泊中封存各種要清除的東西，如重金屬、殺蟲劑、除草劑及其他有毒化學藥品，徹底革新了清理環境的方法。

今天，已經有許多案例利用植物，使我們的建築環境更為環保、住起來更為安全。一個非常傑出的案例，是美國佛蒙特州的小鎮白河口（White River Junction）北邊八十九號公路邊的休息站。這個休息站在2005年建造，是一個對生態相當友善的建築體，能將黑水回復為安全、可用的水，用來種植休息站的造景植物；同時，大量的回收廢水被送回地下水庫，以這種安全可用的回收水供應抽水馬桶使用。將這類思維運用於垂直農場，還可發展一些非傳統的用途，包括回收灰水作為飲用水、萃取高等植物來製造藥品、從藻類及高等植物產製生質燃料。

石油是不能喝的

一項2008年的新聞專題報導指出：「聯合國預測，水資源的嚴重短缺已影響至少4億人的生活，到2050年，影響將擴大到40億人，超過全球人口一半。」（www.pbs.org/newshour/extra/features/US/jan-june08/water_2-11.html）人們經常說，水是新的石油，對這個說法，我還是覺得有問題，因為我們每天都需要喝2.3公升的水，但會喝油嗎？嗯，我覺得他們真正的意思是，現在水資源已經愈來愈稀少了，總有一天會變成比石油更昂貴的資源。我們也該提醒自己，世界上可用淡水的70%用於種植作物，經過農業使用之後就變得不宜飲用。我們必須尋找其他的用水方式，應用效率更高的技術，否則將因水資源匱乏而淪入各種內亂及戰事之中。

城市是飲用水的最大消費者，之後水變成黑水（一種由糞便、尿液、洗澡水、暴雨徑流等組成的髒水），因此每個城市中心都需要能安全地處理及棄置黑水，以防止廢棄物污染了自家的環境。過去，不能做好污水處理意味著市民將遭受某些災害，受到糞便污染的飲用水一直是傳染霍亂及痢疾的禍首，已經造成數百萬人喪生。19世紀後期，科學家證明許多疾病是由微生物引起的，隨後，人們利用這些新知識，發明了各種衛生技術，使得多數歐洲及

北美城市終於能結束因環境不潔而影響生活條件的惡夢。然而，無論就經費或人力來計算，這場勝利所需的代價可說相當龐大。紐約市是一個很好的極端案例，一些社區為了確保飲用水源的安全可靠而選擇嘗試新技術。它也是一個很好的案例，可以研究回收灰水能夠怎樣扭轉市民揮霍用水的惡習。

建造克羅頓水庫及輸水管道系統，是為了將乾淨的水送進紐約市，取代曼哈頓下城的集水池，這個集水池其實是個匯集骯髒棕色液體的污水坑，供應人類及牲畜使用。克羅頓輸水系統於1837年啟建，歷時五年完成，一勞永逸地革新了舊紐約市的城市生活。豐沛的乾淨飲用水供應，帶來的許多好處之一，是城市不再疲於奔命，霍亂及痢疾疫情也在短時間內消失了。隨著未來五十年紐約市人口將大幅攀升，全市的需水量將增加更多，一系列建設地下水道將水引進紐約市的計畫，也正在構思中，包括從紐約市西北方120英里遠的卡茨基爾山脈（Catskill Mountains）引水，德拉瓦河的兩條支流、什科哈里河、伊索珀斯河、龍多特溪及內弗辛克河全都被截流，並挖掘多條隧道，這項土木工程壯舉，恐怕連古羅馬帝國都要為之拜倒。如今，這個水庫系統蓄積了近5,800億加侖的水，幸好如此，因為紐約市830萬市民每天消耗10億加侖的水量，相當驚人。這些水經過各種用途之後，再由散落在五個行政區的十四個污水處理場加以處理。黑水由駁船運往沃德

島，利用工業離心機加以脫水，污泥再進一步處理，先除去水分，加熱殺死所有微生物，最後還可以做成粉狀的肥料。經過離心過程產生的灰水再用駁船送回各個污水處理場，以氯處理，然後毫不客氣地傾入哈德遜河口。要用駁船將這些污水送來送去⋯⋯嗯，是一個相當耗時費力的工作。通常，大家最大的疑慮是這項計畫的費用，它所能產生的收入非常微薄（除了肥料之外），卻得要燃燒大量石化燃料，浪費大量可用的寶貴水資源。但是，責罵紐約市這種敗家子習慣似乎有點苛刻，因為幾乎所有城市，不分地點，都一樣浪費。事實上，華盛頓特區傾倒的灰水比紐約更多。

在尼克森政府全力制止將未經處理的城市污泥倒入河口及海洋的企圖下，「淨水法案」（Clean Water Act）在1972年生效。施行法案的許多規定有賴環保署，環保署規定，每個社區都必須全權負責以不傷害環境的方式來丟棄廢棄物。正如眾人可以預料，對於大多數的城市來說，要依法執行這些現代的廢棄物管理措施非常花錢，在經濟上可能大有困難，而要維持這些設施也是同樣昂貴。儘管有許多政府的獎勵方案可以幫忙，能分攤將舊處理系統轉換為現代處理系統的費用，所有美國城市合計每年還是要花費數十億美元，來處理液態的城市垃圾。此時此刻，我們需要抱持一個概念：人體代謝產物其實是有經濟價值的，並扭轉這個趨勢。用一句俗套的話來說，我們必須把

酸澀的檸檬變成甜美的檸檬水。

　　要回收黑水的液體部分，較高等植物會是答案。如前所述，植物從根部吸收水分，經過葉子後蒸散到大氣中，藉此得到它所需要的營養。我們可以建立專門以淨水為目的的垂直農場，利用農場內部大量植物的蒸散作用，輕易進行灰水的整治。我們只需要室內空氣除濕機，就能將人類因進食及喝水而產生的髒水加以回收，這個想法真的行得通嗎？實際嗎？需要多少費用？頭腦清醒的人真的敢喝來自污水處理場的水嗎？在撰寫本文時，還沒有任何一個專門用來回收廢水的垂直農場，因此很難預測可能的成本會是多少，或者這個想法是不是夠實際。

　　然而，這個一般性概念的社會行銷已經出現：在美國加州橘郡，一項稱為「從馬桶到水龍頭」的計畫，就是模擬優質生態城市環境進行污水回收的例子。聖安娜市（Santa Ana）花了大約五億美元建造一個加工場，收集所有都市廢水並加以回收。住在這個地區的市民，當被問到時，無不斷然表示不會考慮飲用直接來自加工場的水，即使他們清楚知道，這些水對健康完全不構成威脅或危害。這些人認為喝自己的屎尿，是非常「噁心」的事情（我很高興在國際太空站工作的科學家並沒有發出類似的反對聲浪，否則就不會有國際太空站了，但這是另外一回事）。聖安娜的公民最後選擇用加工場的水來補給地下含水層，然後再從地下把它們汲取出來，最後一道過濾程序是地球

本身。與這個非常複雜而且昂貴的情境相比，在專用建築物裡收集植物蒸散的水將更簡單、更直接，而且很可能便宜許多。此外，這些植物將吸取溶解在灰水中的營養並生長，每隔一段時間採收的多餘植物材料，將能夠藉由焚化的方式產生能量，使整個過程還多了一個額外的好處。當談到垂直農場是否實際的時候（也就是在經濟上是否可行），我將反問，為了確保永續的潔淨飲用水源，你願意付出多少代價？在紐約州鄉下開挖第三號地下水道，好讓紐約市能更有效率地取得更多的飲用水，要花六十億美元，加上計畫完工將落在 2020 年。我敢打賭，讓垂直農場的水資源回收計畫付諸實現，所需的花費比起來一定少得多，速度也將快得多，最後，它也將是一項能藉由植物特性來幫助淨化城市空氣的在地產業。

室內藥店

人類已在地球上生存了二十萬年，在這段期間，因為地理的隔絕而分成許多文化。基於基本的需求，幾乎所有人類都發展了一套共同的生存策略。安全可靠的糧食供應是其中之一，在這本書前面的七個章節已經就許多觀點探討過這個課題。處理疾病問題是所有文化都必須設法解決的另一個生活問題，否則人類將被大自然的力量所毀滅。

生存意味著運氣夠好，或者免疫系統多元性夠高，足以抵禦病原體的攻擊。另一種可能性是，人類偶然發現了一些能使病人更快復原的東西。當有人生病時，試圖減輕痛苦並查明原因，是人類具備對特定情況的理解能力以及利他行為傾向的自然發展結果。早期人類聚落的治療者成為社群中的聖人，人們在一個必然是非常艱鉅、痛苦的一套「臨床前」試驗之中，使用一切所能支配的資源，終於逐漸發明了科學的治療方法。

一開始，治療者只能倚賴自然世界，在許多地方目前仍是如此；動物藥膏的使用（來自魚類、鳥類、兩棲類或哺乳類動物的肉或皮膚，敷在發炎的部位，例如受感染的傷口），以及大量的草藥，包括許多口服的草藥，就是很好的證據。此外，在大多數情況下，這些天然產品確實有效。以動物藥膏為例，科學家已經分離並研究出有效的成分，大多數動物組織都含有許多與短桿菌肽抗生素有關的小型胜肽分子，從唾液、眼淚、生殖泌尿道的分泌物、青蛙的皮膚黏液等各種來源，都可以分離出這種分子。治療瘧疾的奎寧，以及與現在的阿斯匹靈類似的止痛藥水楊苷（salicin），都是沿用至今的植物性產品，還有毛地黃、紫杉醇、蛇根鹼、長春鹼、嗎啡等等。我們可以輕易想像出這些天然藥物是如何融入巫師的藥單中。某特定地區的動物與植物都被拿來檢測其中的活性成分，與野生動物相比，植物不但比較容易取得且產量豐富（我會加上易於捕

捉這一條），因此許多文化都從草本植物、灌木及木本植物中發展出相當多有用的藥物，組成現在龐繁的自然藥典。在專門生產藥草的垂直農場裡種植所有主要文化的基本藥用植物，將會大受歡迎，尤其是在藥用植物短缺，促使奸商製造贗品大量傾銷市場的情況下。此外，許多藥用植物相當稀有，可能係因假人道主義之名而採集，因而瀕臨滅絕，結果永遠喪失這種治療的選擇。

1828年弗里德里希・沃勒（Friedrich Wöhler）合成了第一個尿素的有機分子，開啟了世界的化學產業，現代化學染料科學因此帶領了19世紀前後的商業藥品產業。阿斯匹靈是一種合成的乙醯水楊酸，德國拜耳公司在1897年成功合成，自此徹底改變了醫學實務。乙醯水楊酸的母體化合物是在白柳樹（學名 *Salix alba*）的樹葉發現的，幾個世紀以來，只要有這種柳樹生長的地方，當地的居民無不早已熟知它的止痛特性。以同樣原則發掘新藥物的製藥業，諸如以拜耳公司為先鋒的那些藥廠，很快便成為20世紀工業革命早期的一股重要經濟力量，至今仍然是技術圈的主要驅動力。在標準化藥物尚未問世之前，所有的治療藥物都必須來自於大自然，多半以較高等植物為主要來源。根據世界衛生組織的資料，在252種被視為基本及必要的藥物中，有11%只能由植物獲取，而且有許多藥物都是從天然植物取得前驅物所合成。所有的母體植物，除了來自樹木的以外，都可以成功地種植在受控的環境

中。此外，還有一些藥物，是來自每年經常被採集一空的植物。青蒿素就是其中之一，它是唯一能有效治療抗藥性瘧疾的藥物。青蒿素來自黃花蒿（學名 *Artemisia annua*）這種藥草，它生長在中國及泰國的部分地區，是一種非常搶手的藥物，尤其是當全球供應量非常少的時候。美國喬治亞理工學院的化學教授法昆多·費爾南德斯（Facundo Fernandez）在 2009 年進行了一項青蒿素樣本的調查研究，他應用質譜分析以確認每一瓶樣本裡的內容物，結果發現，大多數樣本都沒有任何抗寄生蟲的藥物成分，他因此認為，由於青蒿素長期短缺，市面上的假青蒿素交易相當活絡。不同於青蒿素，假青蒿素含有一種類似乙醯氨酚或布洛芬的止痛藥，這類藥劑只能治療瘧疾的發燒症狀。當然，不幸用到假藥的病患不會知道這一點，只要停止發燒或疼痛消失，病人就以為痊癒了。可悲的是，許多受害者都是因此沒有能對症下藥而死亡。在垂直農場種植青蒿素，可以預防這種藥物非法走私。

印度次大陸是至少七個主要宗教及三種傳統醫學的大本營，其中之一是「阿育吠陀」（Ayurveda）。阿育吠陀把 315 種草藥列為基本藥物，有超過 4,200 種植物衍生物目前已經註冊。這個古老的醫療系統建立於約五千年前，至今已經引介了超過 7,500 種不同的藥用植物，幾乎能治療所有可能影響人體的問題，從感染性微生物到心理問題。「阿育吠陀」一詞大致可以翻譯成「生命科學」，在地球

上的這一大片地區，直到今天還是治療的主要參考依據。
起源於亞洲、南美洲及非洲的原住民文化，也有包羅萬象
的藥用植物名單，用來治療各種人類疾病。

能量進，能量出

　　生質燃料的最佳定義是可以燃燒的植物代謝副產品，
如生質柴油產品中的油類，或來自高等植物的糖類經微生
物發酵後的產物，如乙醇。從藻類之類的低等植物的油脂
也可以提煉生質柴油，在這種情況下，就有必要建置專門
的垂直農場來生產生質燃料。生質燃料的生產與使用，早
已受到許多大型農產企業的重視，許多種品牌的汽油都聲
稱他們的油箱有15%的乙醇含量。巴西有30%以上的汽
車燃料，是以甘蔗汁的糖加以發酵後產製而來，它是世界
上最大的乙醇生產國，玉米經過化學發酵過程也可以產製
乙醇。生質燃料的好處，是它們都是碳中和；燃燒生質燃
料所產生的二氧化碳，之後會被植物吸收使用，並製成可
能的生質燃料產品。從壞處來看，石油價格高漲，已迫使
世界許多地區的農民轉而種植玉米及甘蔗來生產燃料，造
成用於糧食生產的土地面積減少，這又助長了糧食價格的
高漲以及部分地區的糧食短缺。儘管如此，能源專家仍然
預測，燃燒乾淨的生質燃料終將取代大部分內燃機引擎所

使用的以石化燃料為基礎的石油產品。一個解決土地使用問題的方法，就是在垂直農場種植所有用來生產生質燃料的植物。

移動式垂直農場

讓每個人都有食物可吃，是構想用垂直農場來生產糧食的一個很大的理想。如果能有垂直農場，那些因為戰爭、內亂、自然災害而被迫遷移家園的人將成為最大的受益者。清潔的水及安全健康的食物來源，是垂直農場可以輕易供應的兩種東西。此外，流離失所的人需要落腳在某個具備良好衛生常規的地方，否則他們可能受到的傷害，甚至比他們逃離的地方更嚴重。

建立一個移動式的垂直農場將能適用於這些情況，既有的一些材料，如石墨複合材料、輕質的透明窗戶材料（如ETFE）以及其他類似材質，都能讓這類計畫實現。生長快速、含鐵豐富的綠葉蔬菜（菠菜、芥藍）將成為第一線作物，其次是各種根莖類蔬菜、富含蛋白質的豆類與穀物等等，主要取決於種族的偏好。正如1951年韓戰期間首度建立的移動式戰地外科醫院，已徹底改變了戰區醫療的實務作法一樣，移動式垂直農場（PVFs）或許能使數百萬貧困、流離失所的人恢復健康的營養狀態。

Chapter 9

糧食的未來

當你不再改變時，你就完了。
——班傑明·富蘭克林

今天還在的，明天就不見了

所謂顛覆性的技術，概念很簡單：它顛覆當前並快速啟動未來。垂直農場有可能藉著將農業推向一個史無前例、真正能永續發展的境界，而做到這一點。但是所有新的作為，都有一些相當沉重的大石頭擋在路中間，需要先行移除。

首先，讓垂直農場成真，甚至只是原型而已，將會需要匯集許多要素，才可能展現它最好的一面。我深信，全世界對於垂直農場的政治意願、社會接受度、聰明的工程技術、偉大的設計，和以科學為基礎的環境控制農業，都已經達到一個臨界質量，能夠讓垂直農場的概念凝聚成一個高效率的食物生產建築體。當建築體設立並開始運行之後，垂直農場將成為另一個例證，說明人類如何解決自己製造出來的問題。都市農業將帶頭建立一個全球性的功能食品生產系統網絡，就坐落在擁擠世界的主流位置上，讓世界上許多已經受損的生態系統得以復原。儘管我們對這個概念有著全然的熱情，但還必須立即解決其他問題，才能讓它成功。

錢是不能吃的

未解決的問題當中，最重要的在於：我們引進任何新方法時總以能否賺進大把鈔票為唯一理由。不管我們做什麼，最後總是以利潤為依歸，這不應該是創新的唯一動機。有些事情是所有人都需要的，因此賺錢與否是最不需要思考的問題，例如，大部分國家都免費提供所有的公共衛生服務，嗯，不完全是免費，這其實是由納稅人來買單。還有許多其他重要的服務也永遠不會賺錢，但我們需要它們才能過更好的生活，政府對農民的支持也屬於這類服務。製藥業是受利潤驅動的企業，他們以不同的方式解決營利的問題：多樣化。成功的製藥廠總是不經意發現一種非常有用的化合物，光是它的銷售收入就能彌補數百種其他利潤很低或根本不賺錢的藥物所有的研發費用，這就是所謂的「金雞母」效果。一旦專利到期了，製藥公司會非常著急並透過各種管道加倍努力去尋找另一隻金雞母。受消費者好惡所驅動的汽車公司，收入大部分來自主力產品的銷售，因此他們可以用非常奢侈的價格來販售高檔房車。在2008年經濟崩潰後，這一切都可能會改變。

好，現在讓我們來討論農業，農業什麼時候賺過錢呢？好吧，在加拿大亞伯達省及美國蒙大拿州，有一些農民靠著種植乾草賺進幾百萬，還有，在美國中西部有些種

植玉米或大豆的農民過得也不錯。但在全世界大多數地區，農業頂多處於收支平衡。想看到農民笑嗎？問一個獨立小農去年的收入，你就會看到。想看到農民哭嗎？問他們同樣的問題，或者最好請他們重新評估過去十年來農作物歉收的原因。

我認為垂直農耕真正的問題在於：誰來負擔最開始所需要的經費？只要回答這個問題，你就會知道誰會是農場的主人。開辦成本的一部分可能涉及場址的購置，市區裡的房地產通常不便宜，但這還是取決於這項計畫的服務對象，土地可能是捐贈而來，不費分文。創投家很少捐贈東西，特別是土地，因此這群人在我的潛在資助者名單裡敬陪末座，銀行或財力豐厚的基金會也一樣。另一方面，市政府、州政府及聯邦政府會透過許多方式來鼓勵發展新的商業領域，例如，承包建造新的巨蛋體育場或娛樂中心，提供長期優惠稅制來獎勵興建工業園區，或提供公有土地作為低收入戶住宅開發之用。有這些「貼心」的條件，加上如果有合適的參與夥伴，應該很難有人會拒絕。

我們是公部門，我們是來幫忙的，真的

政府的存在，是為了展現最無私的一面，來監辦公民的福祉。政府徵取稅收，將它分配在創建教育機構、公共

衛生、社會安全與軍事等用途，並確保可靠的糧食供應，以及其他許多施政。在民主國家裡，政府的活動需要大部分利益相關者的認同。農業是每個政府（不論其類型）不需要費盡唇舌就能夠說服公民予以支持的領域。我們都需要吃飯，農民是我們餐桌上不可缺少的命脈，在美國，國會從來不會反對給予農民財政支持，雖然美國農民仍得想辦法在沒有聯邦政府的幫助下度過某些非常艱難的時刻。甚至直到最近，我們對超大型農業集團的態度都還相當溫和，但是時代已經改變。

美國司法部最近披露，美國所有農產品的銷售，有一半是來自不到2%的農場，這聽起來像是一種壟斷。請記住，2008年的「糧食、保育及能源法案」基本上無異議通過2,800億美元的經費調整，只要這部分經費的1%就可以讓垂直農場一路從理想發展為現實（但這是我一廂情願的想法）。

所以我的計畫是這樣的

過去七十五年來，美國農業部累積了大量以農場為基礎的基礎架構，每個州都有辦事處，成功推動了聯邦農作物保險資金的常設機構，以及支持捐地建立學院及大學，以研發食品科學的相關領域新技術。過去五十年來，美國

Courtesy of Weber Thompson Architects, Seattle (www.weberthompson.com)

這是美國西雅圖韋伯湯普生建築設計公司所提出的垂直農場原型企畫案，包含水耕、灰水淨化、研發設施、工作人員休息區、販賣部，以及兒童教育中心。只有數層樓高的垂直農場是個理想的原型，可用來研究如何把所有需要的技術做最好的整合，以達到最高的效能。

食物、能量及水的收成

本計畫探討在垂直農場「收成」各種作物的概念，包括蔬菜、藥草、水果及雞蛋等，除此之外，垂直農場也能透過運用地熱、風力及太陽能的綠建築設計元素，「收成」可回收利用的能源。這些建築具備光電板並整合規模不等的風力渦輪發電機，使農場成為同時利用太陽能及風能的農作設施。此外，垂直農場還可以利用植物及動物不可食的廢棄部位製作堆肥，產生甲烷，回饋能源供都市使用。位在這棟「收成大樓」頂層的大型雨水儲存槽，還能供應當地許多種植於室內外以及屋頂花園的作物所需。

Courtesy of Romses Architects (www.romsesarchitects.com)

垂直花園　　　　風力渦輪發電機　　　　太陽能板　　　　水耕轉輪

左右兩幅垂直農場示意圖，顯示出其基本概念的多種變化應用。湖中農場是由庫瑞色（Blake Kurasek）所設計；金字塔建築則是伊林森（Eric Ellinsen）及本書作者戴波米耶的作品。

Courtesy of Blake Kurasek (www.blakekurasek.com)

蜻蜓塔

兩座碼頭裡容納了兩個巨大的養魚池,這張精巧的設計出自建築師文森‧卡勒博
(Vincent Callebaut)之手。

Courtesy of Dr. Dickson Despommier

紐約市第五大道的蘋果電腦專賣店

這棟引人注目的建築是蘋果電腦專賣店的入口，專賣店就位在地下室。它是由高張力且全透明的玻璃所建造，想像中的垂直農場可能是這座玻璃建築的五倍大，有數層樓高。這座作者夢想中的垂直農場是由四氟乙烯聚合物（ETFE）所建造，而非玻璃，它可能很輕、完全透明，運用雙層 ETFT 達到完全隔熱的效果，因此不但外型吸引人，也利於植物生長。

未來的農場

農業部各主要計畫的成果甚至超出了預期，主因歸於第二次綠色革命的各種相關創新，包括殺蟲劑、化學肥料、除草劑及基因工程作物。糧食供應是美國農業部最驕傲的成就，最重要的是，能以合理價格在美國本土的四十八州銷售（阿拉斯加及夏威夷有土地使用及運輸問題，消費者比較不易取得新鮮農產品，又因為所有物資都需要運輸，也造成價格的上漲）。如果美國聯邦政府決定要建立一個全新的經濟引擎，以都市農業作為全面翻新的城市運作模式的核心，這個運作模式充滿許多新的就業機會，並完全遵循不傷害環境的概念，結果會怎樣？如果沒有政治障礙，或是不合時宜的都市劃分管制，第三次綠色革命會怎麼開始呢？

現在我要與讀者分享我的覺察，一般來說，這部分是預留給抓到這輩子最大的鱒魚、或用創紀錄的時間跑完馬拉松、或對中威力彩三億元頭獎之類的幻想。我請你也暫停自己的現實感，一同跟著我想像，現在國家的財政完全由我所掌控。如果沒有資金，垂直農場的概念只會消失，束之高閣在政府的庫房裡，就在標示著「法櫃奇兵」的檔案夾裡，旁邊是其他構想良好的點子，但因缺乏動力及財務支援而無疾而終。現在，我的總體規劃是，完成在美國每一州建立永久性經營之都市農業的論述，並以垂直農場的概念作為論述的焦點。

你可以解決很多食物與水的問題

同時建立許多實驗性質的垂直農場非常重要，這樣將使志同道合的各領域科學家、建築師、規劃師、工程師及營建商進入同僚競爭，以推動垂直農場的極致發展，並不斷超越。一開始到底需要建置多少團體，是任何管理機構值得花上一整天時間來討論的議題，這機構有興趣將這想法交付給能實現它的人手中。

依我自己的幻想（請記住，這只是一種幻想），我將授權每一州，自行主導轄區內垂直農場的開發，只要每個競爭者都有平等的勝出機會，我相信競爭是健康的，而且能得到豐碩的成效。身為負責拋出麵團的人，我的目標很單純，就是使每個團體（我很快就會下定義）來設計與構建原型的垂直農場，並配置工作人員。我不想讓他們把太多時間浪費在申請經費等瑣事上頭，這筆費用將會等在那裡，並由各州成立的遴選委員會來決定每一組的參與成員。我必須在計畫中謹慎地架構完備的規則，不讓任何州或主要消費團體受到差別待遇。我會以充裕的補助資金來支持既有的機構，並騰出他們的時間、徵募他們的創意，以達到我的目標。

每個城市農業中心（共計五十個）都將獲得一億美元的補助資金，能夠運用五年。每一州應該都會欣然同意接

受這筆聯邦經費，只要他們也同意按照該州的標準員工福利協議提供人事福利，包括醫療保險以及退休福利。參與規則將會有嚴格的規定，以確保事業能妥適運作，同時建立一個監督委員會，定期審核每個中心的報告書。我認為最好的進行模式如下：每個州組成一個特別委員會，目的是遴選都市農業中心的實際成員，這些成員要負責管理經費並執行相關工作。創辦委員會應由州長及當地最受尊敬、成效最好、正好有在從事農業研究的大學校長共同擔任主席，其他成員包括農學、建築、工程、生物科學、商學及公共衛生（盡可能）等學院的院長。一旦工作團隊遴選完成，特別委員會的工作就告一段落。接下來的步驟將是由新的委員會來制定進行原型垂直農場的設計、建造及管理的基本規則。根據補助的規定，所有建築都應該在第二年完成，每個小組都可以自由選擇要種植的作物種類，但必須平衡組成各種食用植物，包括水果、蔬菜、穀物、香草及香料等。每個企業都要在大學層級的體制下接受管理，也許是透過大學的補助金與專案辦公室的特別部門。一個原型的垂直農場可以僱用數百人，企業的組織架構則留給每個小組決定，有些可能選擇走學術路線，成立都市農業部，有些可能會選擇一些更優雅的名稱，也許稱自己為「城市永續農業中心」。

其他的政府補助策略已經存在，可以很容易應用在促成垂直農場及其他都市農業形式的建立。政府將會頒布一

個徵求建立垂直農場原型的招標公告，目的是希望能贊助建立十個最優的中心。並不是每個州都會投標，但他們終究都會因為執行五年的一億元補助計畫而受益。這種模式在過去已被證明能有效鼓勵許多聯邦政府資助的高級研究計畫，包括癌症治療及預防中心、高能粒子物理設施、望遠鏡、以神經系統疾病為主的生物醫學研究中心。如果這個計畫相當成功，那麼我會展開另一輪贊助，鼓勵建造共計二十個垂直農場，均勻地分布在全國各地。

　　無論如何，當第一個垂直農場的原型建立並運作之後，我會再設立許多由公部門及私部門贊助的年度比賽，頒發鉅額獎金給優勝者，包括最佳整體設計、最佳節能系統、最佳被動能源運用、最佳水回收系統、最佳自動監測pH值運用、根溫、水耕系統的營養傳送，以及農作物單位面積最高產量，如小麥、鷹嘴豆、大麥、稻米與其他重要農作物。還有一些獎項將頒發給最好吃的番茄、最有創意的水耕及氣霧耕系統運用等等。獲勝的隊伍將公平分配獎金，以獎勵所有垂直農場的工作者（在美國的世界職棒大賽中，甚至冠軍球隊的球棒小弟都可以分到獎金）。這些活動預料都將永遠成為全國都市農業計畫的常設工作，每個小組都有責任在該州找到一個合作城市，而這城市願意把自己當作實驗室，並試著實際應用小組的研究結果。餐館、學校、醫院、集合住宅或是老人公寓等，也都將可以公平加入建造屬於自己的垂直農場的行列。獨立式垂直

農場建築體，加上第6章所描述的一群彼此相鄰建造的附屬建築物，將是這些年來應用研究的極致發揮，克服這種新農業策略的種種限制，它們會迅速成為永續生活的展示場。這個計畫還能衍生出許多子計畫，包括成立全國性的「城市永續農業協會」、專業研究期刊與年度會議等，在會議中，研究生與指導老師能藉由一連串短時間的討論、海報展示、專題講座等，來就過去的研究成果進行交流。隨著學術生涯漸趨成熟，以及垂直農場實務背後的科學愈來愈能聚焦之後，一定會出現許多相關的專著及書籍。

我在學術界這麼多年，我深信，我之前大致說明的研究計畫將有很高的成功機會，就像許多我所熟悉的生物、物理及化學領域的計畫都相當成功一樣。由大學及學院所執行的研究計畫，現在已成為許多新技術商業化的一個重要管道，很好的例證包括矽谷等等等（向《國王與我》的尤伯連納致歉，他在劇中也說了許多「等等等」）。儘管已經有這麼多以大學研究為基礎的技術作為驅動力的成功企業，有些企業可能會覺得我的計畫還只有粗略構想，而且過於樂觀，充斥著各種漏洞，尤其是經濟方面的。我同意他們的看法，但是我們必須討論如何從某個地方開始著手進行。

還有一些讓垂直農場真正付諸實現的模式，則需要私部門投入大量資金，但正如我先前指出的，利潤是重要的關鍵。垂直農場毫無疑問一定會賺大錢，但回收投資所需

要的時間可能比大多數投資者願意等待的時間還長。設計及執行的失誤都必須付出代價，沒有人願意到最後只留下一整抽屜的報告書，上面記載著一連串失誤及失敗，沒有任何成果可以彰顯過去所投注的時間與努力。

做不可能的夢

那麼，現在想想，也許有些企業真的願意冒險。儘管最近遭遇了一些挫折，豐田汽車公司仍是一個有遠見且握有豐沛資源的汽車製造商。它一直都很成功，因此可以冒險嘗試未來可能有豐厚回報的機會。豐田汽車開發了一種新型的汽車，猜想消費者會想買一輛耗油更少卻能跑更多里程的車子，這就是個很大的冒險。油電混合動力汽車出現了。該公司只有一個阻礙：一種可靠、廉價、小型、高效能的可充電電池。這不僅只是一個新的想法，當豐田向全世界宣布這項計畫時，這個想法從研究角度來看應該是可行的，但必須有人先投資開發這項技術。豐田勇敢地跨出第一步並取得了先機，其餘的國際車廠搖搖頭，嘲笑豐田的想法，繼續製造耗油的大車，完全誤判或根本忽略了消費者對環保載具的需求。布希政府完全沒幫上忙，還在2001年中止了最初由柯林頓總統發起的一項支持油電混合動力汽車研發的聯邦政府資助計畫。

豐田公司在1995年宣布，計畫終於成功，第一輛Prius汽車完成組裝，成為國際汽車展公開展示的概念車。1997年，日本開始在自己國內銷售油電混合車，到了2000年，好幾種車款銷往美國，美國的買家瘋狂搶購，將它們開出展示場，開進最有環保意識的駕駛心中。豐田汽車在2003年開始全產能生產Prius，產量跟不上需求，現在大家都已經知道，其他車種都成為歷史。現在甚至還有一種新的車款，在車頂附有太陽能電池板，能減少更多石化燃料的用量。汽車製造商大排長龍在豐田門口，希望能跟上新的潮流，曾經在背後竊笑及大開玩笑的車商，現在得在電池技術授權簽約儀式上哈腰道歉。豐田汽車最後賺進大把金子，其他汽車製造商則因為買現成的技術、不必自己研發而省下一大筆經費。人人都是贏家，包括消費者與環境。

　　美國是否有這樣有遠見的公司可能接受這項挑戰，來幫助發明垂直農場？2009年《財富雜誌》列出的十大企業：NetApp、愛德華瓊斯（Edward Jones）、波士頓顧問集團、谷歌、魏格曼超市（Wegmans）、思科（Cisco）、基因科技（Genetech）、美以美醫院（Methodist Hospital）、高盛與納吉特超市（Nugget Market），可能有幾家這種公司。谷歌將是我的第一選擇，它是具有高度利他特質的鉅子，有能力挾著豐厚的財力來推動垂直農場的概念。那麼，第一個發明垂直農場的會是誰？我迫不及待地想知道！

懷抱大志

　　我假設，在未來幾個月內，一系列有關建立垂直農場的計畫能夠展開。我之所以如此預測，是因為每次我演講、透過網際網路與同僚聯繫時，這個點子都得到非常熱烈的迴響。因此，假設垂直農場終能實現，都市農業對於未來城市將會有什麼長遠的影響？到目前為止，我刻意提出這個概念最好的一面，並沒有提出太多懷疑，或詳細探討在執行時可能遭遇的一些困難，除了資金來源以外。負面思考不是我的本色，我是個徹頭徹尾的樂觀主義者，我仍然全然相信，我們可以解決任何問題，無論大小，我們就是必須解決這些問題。當然，總會有少數惡意詆毀的人，對任何想法，無論重要與否，都要表達負面批評。我喜歡吟誦喬治・蓋西文（George Gershwin）美國經典金曲〈They All Laughed〉的歌詞：所以繼續吧，好好地輕聲低笑，如果你必須這樣，但時間已經所剩無幾。垂直農場的原型即將出現，它將成為試驗場，證實它終將成功。

　　真正的問題是，一旦所有類型的都市農業都落地生根，城市開始感受到它對內部糧食生產的正面影響，那麼眼前面臨的會是什麼呢？

　　為了替未來五十年的城市生活設下明確願景，讓我們回頭更完整地討論生態城市可能的模樣。成功的關鍵是生

物生產力，垂直農場與屋頂溫室已經能解決這個問題，因此，食物生產系統已經到位，大都會終於可以把注意力轉移到創造豐富而有趣的地景，為居民提供健康的生活方式，無論他們住在哪裡，也無須在意社會鬼魅與近鄰環境惡化的不公義。富人與窮人都需要在居住景觀裡找到美好之處，好讓城市實現天定的命運，成為一個所有人都希望安居其中並願意奉獻的地方。

並非無禮

　　未來的生態城市將有一個內建的社會公德行為規範，以自然法則所支配的原則為基礎，其中最重要的將是，城市不能以任何理由超過其能量限制。侵占自然系統，以爭取更多的資源將不被容忍，因為我們將永遠記取教訓。因此，合理管理能源將成為第一優先，擷取被動能量是很普通的事，而鼓勵所有建築努力實現零碳足跡的法規，將成為市議會、市長辦公室以及其他政府系統奉行不悖的真言。選舉的輸贏取決於當權者是否能堅持這個生態的金科玉律。藉由大規模應用已知技術，要實現這個難以捉摸的目標是可能的，一些傑出的例子包括先前已經提過，電漿弧氣化即是其一。

　　由於不需要處理城市固體及液體廢棄物，城市必須更

意識到公共交通的議題。電動車、安全的自行車道，以及一系列友善行人以鼓勵使用公共空間的活動，將能使居民團結成為一群理性的選民，大家的唯一目標將是繼續改善環境。要從我們現在的處境來想像生活在未來的生態城市是什麼景況，實在不是什麼太費力的事情。世界各地有許多新的計畫在進行，從整體來綜觀就非常足以闡明，所有成功的環保措施將如何合為一體來改革大城市的生活

世界掌握在我們手中

最後，我們是否要以一種對生態負責的方式來過活，決定權在我們自己。縱觀我們的歷史，人類發明各種使生活更輕鬆的技術解決方案，來適應不斷變化的環境：更好的住房、更高效率的農耕方式、全球運輸、隨選通訊系統，以及一系列的醫療干預策略。所有這些活動都對地球的運作有著正面及反面的影響。

時候已經到了，人類必須重新評估自己在自然世界裡的定位，擁抱、慶祝我們與其他生物之間的差異，以新的尊重態度去崇敬人類起源的 DNA 分子，無論最後它發展成什麼形式。如此一來，我們就能達成人類演化的重要里程碑：永續進入太平盛世。

致謝

當我開始撰寫垂直農場的概念時，有幸能夠利用在我的「醫療生態」課堂的十多年教學經驗。在這個課程中，我與學生透過想像創造一種新型的城市農業以及思考其社會影響，針對大部分重要課題進行腦力激盪。我有幸與他們分享想法，藉此表達我永遠的感謝。我要感謝自由作家麗莎・張伯倫（Lisa Chamberlain），在八年前我們首度在網站www.verticalfarm.com發表時勇敢來採訪我，並寫了一則內容廣博、文字優美的垂直農場報導；更了不起的是，她努力讓這篇專題報導發表在《紐約雜誌》（*New York Magazine*）。我無比感謝史蒂夫・陳（Steve Chen），他在參與課程的整個過程中，將其概念變成一個「在虛擬空間的實體」，以高超的技巧與敏感度一手構建了垂直農場的網站，並負責更新與管理，他現在仍然負責網站的「門面」。圖書代理商梅爾・帕克（Mel Parker）在2008年夏

天與我聯繫,期望能出版一本關於城市農業的書,我要對他表示衷心感謝,感謝他相信這個計畫,在過程中持續指導,讓我的想法能變成書本。他可人的女兒艾蜜莉・帕克(Emily Parker)是得力的幫手,協助我將這個計畫交給聖馬丁出版社(St. Martins Press)。

我要特別感謝我的密友及垂釣與繪畫的同伴,羅伯特・德馬雷斯特(Robert Demarest),還有他充滿奇妙創意的妻子愛麗絲,謝謝他們不可動搖、固若磐石的興趣,以及非常中肯的建設性批評,總是給我慷慨的友誼支持,從來不吝於建議修改最需要改變的地方。每當寫好一個章節,我就會立即打電話給巴伯並朗讀給他聽。他的反應總是非常鼓舞人心、且最為有用,雖然我不能相信他仍然願意跟我一起去釣魚,因為在每次旅程中,我總是把談話主題引導到書的內容。安德魯・克雷尼斯(Andrew Kranis)當時是哥倫比亞大學建築學院的學生,在他最後一年的計畫中我們密切合作,他的計畫是第一個垂直農場的設計,目標在於希望成為剛瓦那司運河修復計畫的「評析」。他最後的計畫相當誘人,在專家研討會中,負責籌款的委員會表示,希望他的計畫成為他們的第一個。再次感謝你,安德魯。

許多專業工程師、設計師及建築師一直協助我完成我的最基礎教育,導引我進入他們的建築及設計的世界。他們與我分享洞見,探討從無到有建設一個垂直農場計畫的

可行性：麻省理工學院的赫伯特・愛因斯坦（Herbert Einstein）、哥倫比亞大學的理查・帕朗茲（Richard Plunz）與楚西・卡利根（Trish Culligan）、奇思與卡斯卡特建築師事務所的葛瑞格・奇思（Greg Kiss）、United Future的克里斯・雅各伯（Chris Jacobs）、美國伊利諾理工大學的愛瑞克・伊林森（Eric Ellingsen），韋伯湯普森建築師事務所的丹・艾伯特（Dan Albert）以及建築工程師羅伯特・布洛德（Robert Brod）。

　　紐約Steelcase的職場顧問珍妮・鮑切特（Jeanie Bouchette）慷慨資助並繪製了一個華麗的垂直農場插圖，把它展示在他們位在哥倫布圓環旁的五十八街入口處，整整一個月的時間，成功吸引了一般民眾及大眾媒體的注意，把一個抽象概念變成看似相當合理的點子。感謝紐約市城市規劃部門以及葛林蕭（Grimshaw）、費克斯佛（FxFowl）及奧雅納（Arup）建築公司，他們邀請我造訪他們的核心辦公室，展示該計畫在過去五年來新發展出的概念，我學到的東西比他們還多。特別感謝所有自願提供本書視覺部分的設計師、建築師及建築系的學生，他們發揮高度的創造性、精美繪製出自己的夢想，以及垂直農場可能的模樣。我感謝紐約市世界科學節（World Science Festival）總監布萊恩・葛林（Brian Greene），他是位非凡的物理學家，邀請我在活動中演講，大幅擴展了第一次聽到這想法的聽眾範圍。透過我在這一連串活動的參與及

演說，我也吸引了為TED（科技、娛樂及設計）組織工作的講師招募人員，他們給了我機會，向另一群高度篩選且懂得欣賞的觀眾展示我的想法。本著同樣的精神，我也感謝Pop-Tech、首爾數位論壇（The Seoul Digital Forum）、Taste3以及PINC的盛情邀請。我想對史蒂芬‧科爾伯（Stephen Colbert）表達特別的感謝，他邀請我參加他非常受歡迎的電視節目《科爾伯報告》。他非常親切且鼓舞人心（也非常有趣！），讓我有充裕時間對收視觀眾說明我的想法。第二天，我們網站的點閱次數高達40萬次，當機三次！我感謝Exit Art及Cooper-Hewitt博物館專題展出垂直農場，讓更多人接觸這個概念。

　　這本書的誕生，還有幾個人特別值得表彰。我親愛的美術老師及朋友戴爾‧邁爾斯（Dale Meyers）幫忙校閱初稿，提出的好建議也已納入本書中。傑克‧考克斯（Jake Cox）剛從貝茨學院畢業，沒有工作，就來我的辦公室幫忙。我無法給他太多的酬勞或穩定的職位，但我還是設法說服他，如果他願意與我一起完成這本書，這段時間的投入將是值得的。他不僅同意也很開心、聰明且熱情地工作，在這過程當中，他獨立建立了一個非常成功的部落格，這部落格目前仍在持續且相當引人入勝。他（顯然是心甘情願的）必須忍受許多必然是非常枯燥的日子，當我不斷撰寫及重寫的同時，他聽我讀手稿，一遍又一遍，對每天出現的各種不同主題表達他的意見。傑克是個很好

相處、有趣的工作夥伴。謝謝克雷‧希爾斯（Clay Hiles）給我的建議。在本書的製作及行銷方面，聖馬丁出版社旗下的Thomas Dunne Books一直對我非常好。我特別感謝湯姆‧鄧恩（Tom Dunne）及薩利‧理查森（Sally Richardson）分享我的願景，並給予充分的支持。非常感謝編輯瑪西婭‧馬克蘭（Marcia Markland）以及她的得力助手凱特‧布洛若斯基（Kat Brzozowski），她們很神奇地將文字及圖像轉換成美麗的作品！我還要感謝喬‧里納爾迪（Joe Rinaldi）及瓊安‧希金斯（Joan Higgins），他們在媒體及宣傳事務上給予明智的輔導與建議。

最後，我感謝我的妻子馬琳‧布盧姆（Marlene Bloom）。我是如此有幸，因為她為我的生活帶來許多的歡樂，且打從我們開始討論可行性的那一刻起，她就一直是垂直農場概念及這本書的堅實支持者。1999年夏天，我們「孵化」了這個理念，而這胎兒已經成長為一個完整的美麗事物。誠然，她現在開始有點厭倦了我那破舊手稿的內容，因為已經逐字聽了很多次，但她仍是本書的最大支持者。事實上，每當有新的題材出現時，她往往會提供對垂直農場的構想以及其優點，不管在什麼場合。她的編輯技巧非常廣泛，能夠將句子精簡為切中本質及純淨真理的概念。我聽取並採納了她大部分的建設性批評，融入書中，而這成品現在就擺在讀者諸君面前。請盡情享用！

239
致
謝

參考書目

第1章　重新建構自然

Defoe, Daniel. *A Journal of the Plague Years by a Citizen Who All the While Continued to Live in London.* Volume 6 of The Shakespeare Head Edition of the Novels and Selected Writings of Daniel Defoe. Oxford, England: Blackwell, 1927.

Freuedenberg, Nicholas, and Sandro Galea. *Cities and Health of the Public.* Nashville, Tenn.: Vanderbilt University Press, 2006.

Lovelock, James. *The Ages of Gala.* New York: W.W. Norton & Company, Inc., 1988.

McDonough, William, and Michael Braungart. *Cradle to Cradle.* New York: North Point Press/Farrar, Strauss & Giroux. 2002.

McHarg, Ian L., *Design with Nature.* Hoboken, New Jersey: Wiley Publishers, 1995.

www.hydroponicsfarming.com/

www.verticalfarm.com

第2章　昨日的農業

Baiter, Michael. "Plant Science: Seeking Agriculture's Ancient Roots." *Science* Magazine, June 29, 2007, pp. 1830-35.

Mazoyer, Marcel, and Laurence Roudart, *A History of World Agriculture: From the Neolithic Age to the Current Crisis.* London/Stirling, Virginia: 2006.

www.archaeology.about.com/od/stoneage/ss/tishkoff 2. htm - Human migrations

www.comp-archaeology.org/AgricultureOrigins. htm

www.esclencenews.com/articles/2009/o3/23/researchers. find.earliest. evidence.domesticated.maize

第3章　今日的農業

Brown, Stephen R. *A Most Damnable Invention: Dynamite, Nitrates, and the Making of the Modern World.* New York: Thomas Dunne Books/St. Martin's Press, 2005.

Carson, Rachel. *Silent Spring.* New York: Houghton Muffin Company, 1962.

Simpson, Sarah. "Nitrogen Fertilizer: Agricultural Breakthrough—An Environmental Bane." *Scientific American,* March 20, 2009.

Steinbeck, John. *The Grapes of Wrath.*

www.civilwar.com/- civil war history

www.lightingtechnologygreenhouse.org/

www.sjgs.com/history.html - discovery of oil

www.ssbtractor.com/features/Ford_tractors.html - History of Ford tractors

www.waterforpeople.org/site/PageServer

第4章　明日的農業

Despommier, Dickson. *The Future of Our Food.* Concilience, 2010.

The State of Food and Agriculture 2009 Livestock in the balance. Food and Agriculture Organization publication. January 2010 ISBN: 978-92-5-I o6 215-9

www.climateandfarming.org/

www.efma.org/.../Forecast%200f%2ofood,%2oFarming% 2oafld% 20
fertilizer%2oUse% 2oin% 2othe%2oEuropeafl%2 0...- PDF on
future of fertilizer usage in Europe

www.fao.org/worldfoodsituation/wfs-home/en/?no_cache=1

www.futurist.com/articles-archive/questions/future-of-agriculture/

第5章　垂直農場的優點

*International Symposium on High Technology for Greenhouse System
Management: Greensys2007*

Kenyon, Stewart and Howard M. Resh, *Hydroponics for the Home
Gardner.* 6th Ed. Toronto: Key Porter Books.

Practical Hydroponics and Greenhouse Magazine (Australia)

www.aben.cornell.edu/extension/CEA/indexv4.htm

www.actahort.org/books/801/801_48.htm

www.aesop.rutgers.edu/~horteng/

www.ag.arizona.edu/CEAC/

www.hydroponicist.com/

www.thinairgrowingsystems.com/(aeroponics)

第6章　垂直農場的形式與功能

Gissen, David ed. *Big and Green: Towards Sustainable Architecture in
the 21st Century.* Princeton Architectural Press.

Samuelson, Timothy J. *Louis Sullivan, Prophet of Modern Architecture.*
New York: W.W. Norton & Company, 1998.

www.architecture.about.com/od/construction/g/ETFE.htm

www.edenproject.com/

www.lightingtechnologygreenhouse.org/Rensselaer Polytechnic Institute
Lighting Research Center

第7章　垂直農場的社會福利

Christensen, Clayton M. et al. *Seeing What's Next: Using Theories of Innovation to Predict Industry Change*. Cambridge, Massachusetts: Harvard Business School Publishing, 2004.

第8章　垂直農場的他用途

Ahmed, Iqbal, Farrukh Aqil, and Mohammad Owais, eds. *Modern Phytomedicine: Turning Medicinal Plants into Drugs*. Wiley VCH, Pubs., 2006.

Yaniv, Zohara, Uriel Bachrach, eds. *Handbook of Medicinal Plants*. Binghamton, New York: Food Products Press, 2005.

www.converanet.corn/environment/living-machines-water-treatment

www.discovermagazine.com/2008/may/23-from-toilet-to-tap

http://online.wsj.com/article/SB10001424052748703503804575083611168442980.html

http://riley.nal.usda.gov/nal_display/index.php?info_center=8&tax_level=3&tax_subject=6&topic_id=1052&level3_id=6599&level4_id=0&level5_id=0&placement_default=0 At this Web site: USDA Web sites on Biofuels (PDF 88 KB).

第9章　糧食的未來

Rainey, David L. *Sustainable Business Development: Inventing the Future Through Strategy, Innovation and Leadership*. Cambridge University Press, 2006.

網路資源

http://www.agreenroof.com/page8.html

「綠色生活科技」（Green Living™ Technologies）是一家私人公司，提供能輕易將環境科技整合到居家及辦公環境的產品，例如綠化屋頂及綠化牆壁，使我們能夠為在地企業及社區樹立一個對環境、社會及經濟負責的運作模式。

www.agricultureinformation.com/mag

農業與工業雜誌。

http://attra.ncat.org

正在尋找最新的永續農業及有機農業新聞、事件及資金機會嗎？這裡一應俱全，還有對生產方式、輪作及畜牧產業、創新行銷、有機認證的深度出版物，以及針對地方性、區域性、美國農業部與其他聯邦政府的永續農業活動的報導。

www.bkfarms.com

布魯克林農場——水耕超市。

www.brightfarmsystems.com

「光明農場系統」（Bright Farms Systems）是一家位於紐約市的水耕屋頂溫室設計顧問公司。

http://cityscapefarms.com

「城市景觀農場」（Cityscape Farms）是一座屋頂水耕溫室公司，位於舊金山。

http://coolfoodscampaign.org
「酷食品運動」（The Cool Foods Campaign）教育民眾了解食物的選擇能如何影響全球暖化，並讓人們懂得如何降低這種衝擊。

http://earthtrends.wri.org
「地球趨勢」（EarthTrends）是一個綜合性的線上資料庫，由世界資源研究所（World Resources Institute）維護，該機構關注的重點是形塑世界的環境、社會及經濟趨勢。

www.energysavers.gov/renewable_energy/ocean/index.cfm/mytopic=50010
提供有關海洋熱能轉換（ocean thermal energy conversion, OTEC）的資訊，這種可再生能源是一種利用類似電池的原理從大量水體中取用能源的方法。

http://esa.un.org/unup
世界都市化展望。

http://www.fao.org/docrep/U8480E/U8480E07.HTM
糧食與農業圖解。

www.fas.usda.gov
FAS 使命宣言
使美國農業接軌世界，以提高出口機會並促進全球糧食安全。

http://food-hub.org

「食品交流中心」（Food Hub）是一個線上網絡，是在地糧食生產者與當地糧食買家的橋樑。

www.foodinsight.org
「國際食品資訊基金會」（The International Food Information Council Foundation）提供糧食安全、營養及健康飲食的訊息，幫助你選對安全的食物。

http://thefoodproject.org
自1991年以來，「食品計畫」（The Food Project）已經建立了一個聘用年輕人透過永續農業來改變自己與社會的全國性典範。

www.gardenofedenhydroponics.co.uk/home.php?cat=5
販售各種能適應不同狀況的系統，包括插電的及不用電的；有點像亞馬遜網站，但只局限於水耕設備。

www.theglobaleducationproject.org/earth/index.php
幾年前，一群來自加拿大卑詩省的教育家開始嘗試以客觀的角度觀察世界的現況。我們要的是一個「宏觀的全貌」，不只是其中一、兩個議題，而是每一項重大議題的核心重點：全球現況觀察的重點摘要。該研究的成果就公布在這個網站上。該網站（以及搭配的圖表）以清晰、客觀及盡可能淺顯易懂的方式，呈現世界的狀態，包括自然與人文因素。

http://gothamgreens.com
「紐約綠意」（Gotham Greens）是一家屋頂水耕溫室公司。

www.grain.org/front

GRAIN是一個小型的國際性非營利組織，主要宗旨為支持那些致力於由社區主控及以生物多樣性為基礎之食品系統的小農與社會運動，主要在拉丁美洲、亞洲及非洲。

www.greenroofs.org

「健康城市的綠屋頂」北美公司（Green Roofs for Healthy Cities─North America Inc.）是一個正在快速成長的非營利產業，主要宗旨是在北美地區推廣屋頂綠化。

www.growingedge.com

有關水耕及DIY園藝的部落格。

www.hvcnyc.com

High View Creations是一個牆上花園及屋頂花園公司，位於紐約。

www.hydrogrown.com/reading_material_ghe.asp

由General Hydroponics Europe提供的水耕相關讀物。

www.hydroponics.com.au/

世界數一數二的溫室及水耕雜誌。

http://inka.fm

「印卡生物圈系統」（Inka Biospheric Systems）是一家具社會意識的公司，創造出許多因應全球「水、糧食及住家」危機的解決方案。

www.justfood.org
Just Food 致力於使紐約更容易取得新鮮、健康的食品,及支持在地農業與生產這些農產品的都市農園。

www.ledgrowlights.com
LEDGrowLight™結合了螢光的柔和及強力的 HID 燈。燈光有溫暖的觸感,最低壽命不少於 50,000 小時——相當於每天使用 18 小時,連續 7 年半。

http://www.theledlight.com
介紹所有以 LED 燈製作的東西。

www.meti.go.jp/english/policy/sme_chiiki/plantfactory/index.html
位在日本的植物工廠。

http://www.mingodesign.com/
牆面綠化公司。

http://na.fs.fed.us/ecosystemservices/carbon/faq.shtm
為私人林地擁有者提供碳交易市場機會。

www.netafim.com/offerings/greenhouse
Netafim™ Greenhouse 是世界領先的溫室解決方案供應商之一,在全球累積了相當多的經驗,能提供高度專業化、最先進的溫室系統、商業化溫室及溫室設備等。

www.nrcs.usda.gov/programs/crp/
The Conservation Reserve Program（CRP）提供技術及財務支援，協助農民及農場經營者應用對環境友善及符合成本效益的方式，來處理土壤、水及其他相關的自然資源問題。

www.nysawg.org
The New York Sustainable Agriculture Working Group（NYSAWG）宗旨為促進及推動永續農業方法及永續的糧食系統。

http://our.windowfarms.org
Windowfarms是懸浮、低耗能、高產量、模組化的水耕農園，使用環境衝擊低的本地或再生材料建造。

www.pacinst.org
「太平洋研究所」（The Pacific Institute）是一個沒有黨派色彩的研究機構，致力於推進環境保護、經濟發展及社會公平。

http://www.postcarbon.org
Post Carbon Institute成立於2003年，致力於帶領人們過渡到一個更有復原力、更公平及永續的世界。

www.rickbayless.com/foundation/about.html
Frontera Farmer Foubdation的是一個非營利組織，藉由提供發展資金的獎助，來推廣能供應芝加哥地區所需的小型永續農業。

www.skyvegetables.com
「空中蔬菜」（Sky Vegetables）是一家舊金山的屋頂水耕溫室公司。

www.smallplanetinstitute.org/home
民主過活,養育希望。

www.startech.net
Startech 是一家電漿弧氣化公司,其使命在於改變世界對於所謂垃圾的看法及處理方式。

www.statemaster.com/encyclopedia/Aeroponics
氣霧耕方法概述。

http://sustainableagriculture.net
全國永續農業聯盟(The National Sustainable Agriculture Coalition, NSAC)在聯邦政策討論場合中是永續農業相關議題的重要發聲者,該聯盟聯合了全美各地區許多基層的農場、糧食、保育及農村組織,主張聯邦政府應擬定政策及計畫,來支持農業、自然資源與農村社區的長期經濟、社會及環境之永續發展。

http://www.time.com/time/photogallery/0,29307,1626519_1373664,00.
  html
世界吃什麼:照片隨筆。

http://www.unep.org/dewa/assessments/ecosystems/water/vitalwater/15.
  htm#16
全球用水量地圖。

www.unicef.org/sowc08/

2008年世界兒童現況調查（The State of the World's Children, 2008）
調查了兒童的存活率及對產婦、新生兒與幼童的基層衛生保健。
這些課題往往是一個國家的發展及福利狀況指標，也代表了該國的
優先政策與價值觀。投資有關兒童及其母親健康，是任何一個希望
走向更美好未來的國家所必需善盡的人權責任，也是最可靠的方法
之一。

www.usda.gov/oce/commodity/wasde/index.htm
「世界農業供應與需求預估」（The World Agricultural Supply and
Demand Estimates, WASDE）報告，提供美國農業部對美國及全球
主要作物及美國畜牧業的供應與需求預估。該報告收集了許多美國
農業部及其他政府機構所公布的統計數字，並提供其他美國農業部
報告的架構。

www.usda.gov/wps/portal/usdahome
美國農業部。

www.vector-foiltec.com/cms/gb/index.php
使用ETFE來設計及建造建築的公司。

www.worldfoodprize.org
「世界糧食獎」（The World Food Prize）是國際性大獎，頒獎給對於
提升全球糧食品質、產量或供應，以促進世界人類發展有所貢獻的
個人，不論其種族、宗教、國籍、信仰或政治理念。

相關網站

這裡提供更多網站，方便進一步探究相關議題：

http://www.aben.cornell.edu/extension/CEA/indexv4.htm

http://adsabs.harvard.edu/abs/2008AdSpR..41..730K

www.africa.ufl.edu/asq/v6/v6i3a2.htm

http://ag.arizona.edu/ceac/research/archive/hydroponics.htm

http://ag.arizona.edu/hydroponictomatoes.html

http://aquaculture-hydroponics-greehouse.blogspot.com

www.articlesbase.com/gardening-articles/the-history-of-hydroponics-
throughout-the-ages-405950.html

www.backyardfarms.com

www.baltimoreurbanag.org

www.bestgrowers.nl/start.html

www.betterbuyhydroponics.com/index.php?pr=Hydroponic_Cucumbers

www.biotech-weblog.com/50226711/hydroponics_a_smart_alternative_
to_growing_rice.php

www.cahabaclub.com

www.casa-guatemala.org/map/map_location_20.html

www.commondreams.org

www.dernri.gov/programs/bnatres/agridult/pdf/urbanag.pdf

www.detroitagriculture.org

www.dicioccofarms.ca/index.shtml

http://edis.ifas.ufl.edu/HS147

www.eurofresh.com/default.asp

www.farmfreshri.org/learn/urbanagriculture_providence.php

www.fast3.com/index.html

www.flowgrow.co.za/companyprofile.html

www.foodsecurity.org/PrimerCFSCUAC.pdf

www.foodsecurity.org/ua_home.html

www.freshwise.org

www.freshzest.com.au

www.gipaanda.bc.ca

www.greenhousegrown.corn

www.greensgrow.org

www.grow-anywhere.com

www.growhotpeppers.com/tag/hydroponic-peppers

www.growingedge.corn/staff/profiles/morgan.html

www.growingpower.org

http://grumpygnome.com/journals/gardening/july6.htm

www.hos.ufl.edu/protectedag/Strawberry.htm

www.houwelings.corn

http://hubpages.com/hub/Advanced-Hydroponics

http://hubpages.com/hub/hydroponicsforbeginners

www.hydroponic-guide.com/bellpeppers.php

www.hydroponic-guide.corn/vegetables-carrots.php

www.hydrotaste.com

www.idrc.ca/en/ev-92997-201-1-DO_TOPIC.html

www.instructables.com/id/Hydroponic_Food_Factory/step17/
   Hydroponic-potatoes

www.intergrowgreenhouses.corn

www.journeytoforever.org/cityfarm.html

www.k12.hi.us/~radford/vica/hydro/LETTUCE.HTM

www.kccua.org

http://lakesideproduce.com/html/overview.html

www.lans.nl/en/uk/company/mission

www.lasvegas-delight.com/index.htm

www.metroagalliaflce.org

www.mirabel.qc.com/default.php

www.mkeurbanag.org

www.monthlyreview.org/090119koont.php

www.mysimplehomegarden.com/garden/?p=411

www.nasa.gov/missions/scieflce/biofarming.html

www.nbm.org/media/video/greener-good/urban-agriculture.html

www.nevadanaturals.com

www.new-ag.info/03-5/focuson.html

www.nysaes.cornell.edu/hort/faculty/weber/index.html

http://nysunworks.org

www.nytimes.com/2008/05/07/dining/07urban.html

www.nytimes.com/2009/06/17/dining/17roof.html

http://www.oardc.ohio-state.edu/hydropoflics/drake/index.php?option=
    wrapper&Itemid=110&albumid=5035938074163502529

www.physiology.wisc.edu/ravi/okra

www.progressillinois.com/2008/09/09/.../growing-movemeflt

www.realblueberries.com/bowerman-blueberries-hydroponic-
    strawberries.htm

www.redstar-trading.nl/en/uk/home

www.ruaf.org/node/512

http://savoura.com/en/sectiono2a.html

www.seattle.gov/urhanagriculture

www.seattleurbanfarmco.com

www.sfc.ucdavis.edu/events/08workgroup/reynolds.pdf

www.sfgro.org/ua.htm

http://shenandoahrcd.org/ProjNoTillpix.htrn

www.sirnplyhydro.com/strawberries.htm

www.smartybrand.com/index.html

www.soave.com/core/diversified_great.php

www. speedstarweh. corn/other_projects.html

www. sweetwatergrowers.corn

http://sweetwater-organic.com/blog

www.tcurbanag.com/

www.technologyforthepoor.com/UrbanAgriculture/Garden.htm

www.thanetearth.com/about-us.htmt

www.theberrypatchky.com/Berries.html

www.thinairgrowingsysterns corn

www.uky.edu/Ag/Horticulture/anderson/brassica.pdf

www.urhanagcouncil.com

www.urbanagriculture-mena.org

www.urbanbliss.com/hydroponics.html

www.urbangardeninghelp.com

www.villagefarms.com

www.youtube.com/watch?v=YfVfq3lUlGM

國家圖書館出版品預行編目資料

垂直農場／城市發展新趨勢／迪克森.戴波米耶(Dickson Despommier)著;林慧珍譯. -- 二版. -- 臺北市:馬可孛羅文化出版:家庭傳媒城邦分公司發行, 2015.12
面；　公分. --（Eureka；ME2046）
譯自：The vertical farm : feeding the world in the 21st century
ISBN 978-986-5722-72-2(平裝)

1. 農業　2. 環境保護　3. 土地利用

430　　　　　　　　　　　　　　　　　　　104021813

【Eureka】ME2046

垂直農場：城市發展新趨勢
THE VERTICAL FARM: Feeding the world in the 21st century

作　　　者❖迪克森・戴波米耶（Dr. Dickson Despommier）
譯　　　者❖林慧珍
封 面 設 計❖廖韡
總　編　輯❖郭寶秀
協 力 編 輯❖曾淑芳
行 銷 業 務❖李品宜、力宏勳

發　行　人❖涂玉雲
出　　　版❖馬可孛羅文化
　　　　　　104台北市中山區民生東路二段141號5樓
　　　　　　電話：886-2-25007696
發　　　行❖英屬蓋曼群島商家庭傳媒股份有限公司城邦分公司
　　　　　　104台北市中山區民生東路二段141號2樓
　　　　　　客服服務專線：(886) 2-25007718；25007719
　　　　　　24小時傳真專線：(886) 2-25001990；25001991
　　　　　　讀者服務信箱：service@readingclub.com.tw
　　　　　　劃撥帳號：19863813　戶名：書虫股份有限公司
香港發行所❖城邦（香港）出版集團有限公司
　　　　　　香港灣仔駱克道193號東超商業中心1樓
　　　　　　E-mail：mail:hkcite@biznetvigator.com
馬新發行所❖城邦（馬新）出版集團
　　　　　　Cite (M) Sdn. Bhd.(458372U)
　　　　　　41, Jalan Radin Anum,Bandar Baru Seri Petaling,
　　　　　　57000 Kuala Lumpur,Malaysia
輸 出 印 刷❖前進彩藝有限公司
二 版 二 刷❖2016年11月
定　　　價❖330元

ISBN：978-986-5722-72-2 (平裝)

城邦讀書花園
www.cite.com.tw